GÜTERSDIE
LOHERVISION
VERLAGSEINER
HAUSNEUENWELT

Andreas Beerlage

Wolfsfährten

Alles über die Rückkehr
der grauen Jäger

GÜTERSDIE
LOHERVISION
VERLAGSEINER
HAUSNEUENWELT

INHALT

DIE URWÖLFIN EINAUGE

Einauge ist tot. Der Kadaver der bekanntesten Wölfin Deutschlands wird frühmorgens am 19. 3. 2013 bei Mücka aufgefunden, einer kleinen Gemeinde in der Oberlausitzer Heide- und Teichlandschaft. Einauge wurde vermutlich 13 Jahre alt.

Jedem Kapitel in diesem Buch ist eine kleine Szene aus dem Leben dieses aus vielerlei Gründen bemerkenswerten Tieres vorausgestellt. Manches weiß man über die Wölfin. Der Rest wurde so dazuerfunden, dass er durchaus wahr sein könnte.

Irgendwann im Winter 2011/2012 fahre ich nachmittags mit einem ICE von Kassel nach Hamburg, nach einem Familienbesuch in meiner nordhessischen Heimat. In Kassel entstanden Anfang des 19. Jahrhunderts die »Kinder- und Hausmärchen der Brüder Grimm«, zu deren bekanntesten das vom »Rotkäppchen« zählt. Der große, böse Wolf frisst das kleine, tapfere Mädchen. Es wird vom Jäger gerettet. Aber wem erzähle ich das, das kennt ja jeder.

Während die von der bereits tief stehenden Nachmittagssonne ausmodellierte Landschaft vor mir vorbeizieht, eine Meditation im Takt der Gleisschwellen, lasse ich meinen Gedanken freien Lauf. Ich liebe diese schwebende Stimmung auf Bahnfahrten. Hinter Hannover aber werde ich irgendwann aus meinen Tagträumen gerissen. Auf einer kleinen Lichtung, vor einem Birkenwäldchen, vielleicht 50 Meter entfernt, steht in voller Breitseite ein großer Hund. Er ist grau, schlank, etwas eleganter als ein Schäferhund, der Rücken untypisch gerade.

Zwei, drei, höchstens vier Sekunden sehe ich das Tier da stehen: schön, erhaben, ein Denkmal seiner selbst. Ich bin plötzlich sehr aufgeregt, wie aus dem Nichts davon überzeugt, einen Wolf gesehen zu haben. Ein Moment des blitzartigen Erkennens.

Der Wolf ist, mehr als jedes andere Tier, dem Menschen nah. Weltweit in nahezu allen schamanischen Kulturen war der Wolf zentraler Mittler ins Geisterreich, ein Bruder des Menschen. In unzähligen Mythen rund um die Welt spielt er eine Hauptrolle, von den Märchen ganz zu schweigen. Er geistert durch Werwolfsgeschichten, macht sich im Aberglauben breit.

Zuhause angekommen setze ich mich sofort an den Schreibtisch und starte den Computer. Ich finde schnell Informationen zu einem neu bei Munster in der Lüneburger Heide angesiedelten Wolfsrudel. Die Tiere sind aus dem Osten gekommen, aus der Lausitz. Und haben sich einen Truppenübungsplatz als Heimat auserkoren. Munster kennen Autobahn-7-Fahrer vielleicht vom Hinweisschild des dortigen »Panzermuseums«.

Seit jenem Winter vor etwas mehr als fünf Jahren hat sich viel getan, Deutschland ist inzwischen wieder Wolfsland geworden: Die östlichen Bundesländer sind erobert, Niedersachsen ist genommen, und überall in der Republik kann der Wolf als Nächstes auftauchen.

Jetzt steht er vielleicht gerade am Rande des kleinen Waldes, hinter der Stadt, in der Sie wohnen, und lässt seine ausdrucksvollen Augen über die Felder streifen.

Der Wolf ist wieder da – sofort keimt uralte Angst auf. Und uralte Verbundenheit. Denn Zehntausende Jahre lang jagten Wolf und Mensch in der Tundra das gleiche Wild, hin und wieder sogar gemeinsam, sagen Anthropologen. Der Wolf jagte aber auch den Menschen, und umgekehrt. Es war ein Gleichgewicht des Schreckens.

Der Wolf ist zurück, als Bote dieser mythischen Vergangenheit. Und er wirft große Fragen auf: Finden wir noch einen Weg, Natur und Wildnis in unser modernes Leben zu integrieren? Ist unser heutiges Verhältnis zur

Natur realistisch – oder völlig verlogen? Wie authentisch darf die Natur heutzutage überhaupt noch sein – und wie viel Wildnis wollen wir Menschen dulden?

Plötzlich ist er überall, nicht nur in den Wäldern, auf der Heide, in den Wiesenlandschaften rund um Cuxhaven – ja, selbst da treibt er sich herum! Nicht nur höchstselbst ist er überall zugegen, auch kulturell und medial: Kaum hat man den Fernseher angemacht, flimmert ein Wolfs-Tatort in der Lausitz. Und noch einer, mit dem Kieler Kommissar Borowski. Eine ganze ARD-Krimiserie unter dem Namen »Wolfsland«. Dazu Dokus auf Arte und in den Dritten Programmen, Themenabend bei Beckmann. Im Kino: die Verfilmung des chinesischen Bestsellers »Der Zorn der Wölfe«. Ein Roman erscheint über ein junges Paar in Brandenburg, das einen Wolf zähmt. Ein neues, großes Kunstwerk im offenen Raum zum Rechtsextremismus wird vorgestellt: mit Wölfen als Figuren. Und erst gestern auf Deutschlandradio Kultur gehört: das Feature »Rudelheulen«.

Wie politisch der Wolf sein kann, zeigt der Fall Elke Twesten – jener niedersächsischen Grünen-Politikerin, die im August 2017 von den Grünen zur CDU wechselte. Und damit die Landesregierung stürzte, die mit nur einer Stimme Mehrheit operierte. Sie machte inhaltliche Gründe für ihren Wechsel geltend. Auf die Frage der Hannoverschen Allgemeinen, was genau ihr denn beim Kurs der rot-grünen Landesregierung nicht gepasst habe, sagt sie als erstes: »Nehmen Sie das Thema Wolf.«

Während der Arbeit an diesem Buch fiel mir auch ein, wie sehr der Wolf zum Bestiarium meiner frühen

Jahre gehörte: Wenn ich als Kind gebadet wurde (in den späten 60er-Jahren ressourcenschonend immer nur freitagabends), dann glaubte ich jedes Mal, auf dem braunen Frotteevorleger der Badewanne würde ein Wolf liegen. Ich war vier, fünf Jahre alt, es sind mit meine frühesten Erinnerungen: die helltürkisen 50er-Jahre-Fliesen. Schwaden von Wasserdampf. Ich in der tiefen Wanne. Davor der Wolf. Mir war ja klar, dass dort kein Untier lauern konnte. Aber ich musste wieder und wieder über den Wannenrand schauen, um mich zu versichern. Wenn ich zurück ins Wasser glitt, fühlte ich mich erleichtert. Schon eine Minute später war ich mir nicht mehr so sicher. Vielleicht hatte ich ja doch etwas übersehen. Der Wolf meiner Fantasie: sehr groß und sehr dunkel. Er lag ruhig da. Seine genauen Absichten waren mir unbekannt. Wollte er mich fressen? Vielleicht schützte er mich sogar?

Zwei Gesichter trägt der Wolf – aus der Sicht des Menschen. Kein anderes Tier birgt größere gesellschaftliche Spaltkraft. Sichtweisen auf ihn gibt es nur in Schwarz oder Weiß. Wer nicht für ihn ist, muss also gegen ihn sein. Ambivalenz: der Zweitname des Wolfs. Seine Wiederkehr: für die einen ein Gewinn, für die anderen Verlustbringer auf vier Beinen. Sein Status: für die einen Seelentier, die anderen ein Menschenfresser.

Dementsprechend zerrissen und mitunter schrill und verletzend ist die Diskussion um die Wiederkehr des Wolfs. Die Frage ist, wie wir den Umgang regeln wollen. Ob es eine Obergrenze geben soll. Ob es einen Mindestabstand geben soll. Eine sachliche Diskussion hat meiner Meinung nach noch nicht einmal begonnen.

Vielleicht trägt mein Buch ein kleines Stückchen dazu bei, den Dialog zu ermöglichen. Bei den ganz üblen Hassern des Wolfs und seinen treuesten Freunden eher nicht, da bin ich mir sicher. Aber vielleicht bei jenen, die sich – zu Recht – für den Wolf als faszinierendes Wildtier interessieren.

Folgen Sie mir auf den »Wolfsfährten«. Manchmal auf verschlungenen Pfaden, mit einigen Umwegen, samt kleinerer Exkursionen. Und entschuldigen Sie, wenn ich mich, die anderen und auch den Wolf nicht dabei immer ganz ernst nehme. Das ist meine Art, mit dem Leben, seinen Rätseln (und Rückschlägen) unter dem Strich ganz gut auszukommen. Vieles rund um den Wolf lädt auch durchaus zum Lachen ein, finde ich. Es gib so viele, die mit dem heiligen Ernst in der Stimme von *Wolfsmanagementplänen* im *Wolfserwartungsland* sprechen – dass zum Ausgleich ruhig mal ein bisschen geschmunzelt werden darf.

Ich möchte mich mit diesem Buch dem Wolf aus möglichst vielen Perspektiven nähern (natürlich ohne ihn selbst dabei zu stören). Für die Recherche habe ich mit Wolfsberatern gesprochen, mit Wolfsforschern, Wolfsgehegebesitzern, Wolfsbüromitarbeitern, Wolfspathologen, Wolfsbeauftragen der Landesjägerschaften, Wolfszuständigen bei Naturschutzverbänden und auch mit Wolfs-Soko-Polizistinnen, die den Tätern illegaler Wolfstötungen nachspüren. Ich habe Tierhaltern zugehört, deren Schafe und Damhirsche zerrissen wurden. Jägern, die behaupten, die Wölfe seien mit LKW aus Polen herangekarrt worden. Und auch jenem Jog-

ger, den beim friedlichen Waldlauf plötzlich ein Jungwolf anknabberte.

Der aufmerksame Leser hat es schon bemerkt: So
viel Wolf wie heute war nie. Und: Wenn es um den Wolf
geht, ist der Mensch nicht weit. Jeder hat seine klare
Meinung zum Wolf. Probieren Sie es selbst einmal im
Freundes- oder Bekanntenkreis, fragen Sie danach,
ob der Wolf hier sein sollte. Eine von zwei Antworten
kommt meist sofort, ohne jedes Nachdenken:

- »Finde ich großartig, das ist das Gleichgewicht der
  Natur.«
- »In unserer heutigen Kulturlandschaft ist kein
  Raum für ein Raubtier.«

Weil ich von Beruf Journalist bin, versuche ich möglichst lange möglichst ergebnisoffen zu recherchieren.
Und eine Meinung erst am Ende einer Recherche her-
auszubilden. So möchte ich es auch bei »Wolfsfährten«
halten und mir die Bewertung der Situation – »Gehört
der Wolf wirklich wieder nach Deutschland?« – bis zum
Schluss aufbewahren.

Viel Spaß (und Erkenntnis) nun beim Lesen! Ich
bin schon ein bisschen aufgeregt, ob es Ihnen gefällt.
Es ist schließlich mein erstes Buch dieser Art.

Haben Sie Anmerkungen?

Oder Ideen?

Einen Fehler entdeckt?

Einen wichtigen Aspekt vermisst?

Ganz einfach eine Frage?

Dann schreiben Sie mir doch unter *beerlage@yahoo.com*

EINAUGES GESCHICHTE 1

Nur ein leises Rascheln ist zu hören, der Wolfsrüde kommt wie an einer Schnur gezogen über
das Feld gelaufen. Es ist eine sternenklare, kalte
Winternacht der Jahreswende 1998. Vor einer
halben Stunde hat er, von Polen kommend, die
Neiße durchschwommen. Nun strebt er auf einen Waldsaum mit großen Kiefern zu. Bald wird
es hell werden, und er sucht nach einem ruhi-
gen Plätzchen, um sich in sicherer Deckung von
seiner Wanderung ausruhen zu können. Doch
er kommt nicht dazu. Denn von weit hinten im
Wald, einige Kilometer entfernt, dringt ein ver-
traut klingendes Heulen zu ihm.

1 GEKOMMEN, UM ZU BLEIBEN?
Die Rückkehr der Wölfe

Ein Eichelhäher zetert. Eine Granate explodiert. Es ist sehr heiß, über 30 Grad. Hochgewachsene Fichten und Kiefern spenden etwas Kühle in ihrem Schatten. Im Sommer 2015 spaziere ich auf einem kleinen Waldweg ganz im Osten der Republik, bei Rietschen. Die bekannteren Orte hier in der Gegend sind Bad Muskau und Görlitz. Mein Weg führt südlich entlang des Truppenübungsplatzes Oberlausitz, der zur Muskauer Heide gehört, einer großflächigen, zum Teil dicht bewaldeten Sanddünenlandschaft an der sächsischen Grenze zu Polen. In regelmäßigen Abständen aufgestellte Warnschilder legen mir nahe, nicht in nördlicher Richtung in den Kriegsschauplatz einzudringen.

Das Wasser des Flüsschens Raklitza glitzert hinter dichtem Blattwerk. Ein fremd klingender Name? Rietschen liegt im Sorbenland, dem Land der deutschen Slawen. Ich höre mehr Gedonner hinter den Nadelbäumen. Doch es ist nicht die Tatsache, dass gar nicht so fern von mir Krieg gespielt wird, die mir an diesem Sommertag ein unpassend mulmiges Gefühl gibt. Es ist die Anwesenheit des Wolfes. Ich weiß genau, dass einer der Räuber hier lauern könnte oder gleich mehrere. Die Lausitz ist das Kernland der deutschen Wölfe, seit Ende der 1990er-Jahre.

Vielleicht duckt er sich hinter diesen hoch aufgeschossenen Fichten, hinter den Schildern, irgendwo dort im Heidesand, seine ausdrucksvollen Augen auf mich gerichtet, mit der leuchtend gelben Iris, dunklen Pupillen und einem markanten schwarzen Ring herum, wie mit einem Kajalstift gemalt.

Natürlich begegnet mir keines der Tiere, sie sind ja sehr vorsichtig. Und sie werden sich schon aus dem Staub machen, wenn sie mich hören, sehen, riechen, denke ich. Aber was, wenn ein Rudel jetzt auftauchte? Wie würde ich mich dann verhalten? Ich habe mein altes verrostetes Opinel-Taschenmesser dabei. Und weiß selbst, wie albern das ist.

Nach 20 Minuten Spaziergang stehe ich vor einem kleinen Denkmal aus Naturstein, einer Pyramide von Findlingssteinen: »Jahr 2000 – Wölfe in Deutschland«. Der Wald öffnet sich hinter dem Gedenkstein zum Halbrund eines Erdsturzes an einem sandigen Hang, etwa so groß wie ein Tennisplatz. Im Frühling 2000 kamen hier in der Muskauer Heide, ausgerechnet auf einem Truppenübungsplatz, die ersten deutschen Wölfe seit mindestens 100 Jahren zur Welt. Manche reden sogar von 150 wolfsfreien Jahren. So genau ist das nämlich nicht zu fassen.

Früher war der Wolf überall in deutschen Landen heimisch, davon sprechen unzählige Orts- und Flurnamen: Wolfstal, Wolfsbruch, Wolfsberg, wer mag, kann die Liste gerne vervollständigen. Um 1850 herum gab es dann, nach intensiver Jagd auf den Räuber, nur noch ein paar Einzeltiere, wohl meist auf der Wanderschaft von Polen in Richtung Westen. Der stille Zuzug ist nie versiegt, doch solche Einzeltiere hatten keine große Lebenserwartung.

In der DDR stand der Wolf zum Abschuss frei, vielleicht auch deshalb, weil man Angst hatte, die Grauhunde könnten den hohen Parteifunktionären auf staatlicher Jagd das Wild vor der Büchse wegfressen. Und wenn ein Tier dann einmal die Westwanderung durch den Arbeiter- und Bauernstaat schaffte, war doch am Eisernen Vorhang endgültig Schluss.

Es gibt allerdings Gerüchte, dass sich hin und wieder ein Exemplar an den Selbstschussanlagen vorbeimogeln konnte. So ganz »wolfsfrei« waren die hiesigen Breiten also nie. Neben dem legendären niedersächsischen »Würger vom Lichtenmoor« (er wird uns in Kapitel 3 das Grausen lehren) wurden von 1948 bis 1991 immerhin 24 Wölfe auf dem Gebiet der heutigen Bundesrepublik Deutschland geschossen, 13 davon auf dem der ehemaligen DDR.

Nach dem Mauerfall waren die Wölfe dann in ganz Deutschland strengstens geschützt, seit 1992 im Rahmen einer rigiden EU-Richtlinie, die das Bundesnaturschutzgesetz umsetzt. Die BRD hatte den Wolf schon früher, nämlich 1980, unter Schutz gestellt.

Doch es brauchte noch ein Weilchen, bis sich der neue deutsche Schutzstatus nach dem Mauerfall in polnischen Wolfskreisen herumsprach. Mitte der 90er mehrten sich dann Nachrichten von gastronomischen Stippvisiten über die Neiße. Die Wölfe genehmigten sich ein Hirschkalb oder ein junges Wildschwein und machten sich schnell wieder aus dem Staub.

Ende der 90er siedelte sich dann ein polnisches

Wolfspaar in der Muskauer Heide an, im Frühjahr 2000 warf die Fähe – das Weibchen – die ersten Welpen »Made in Germany« seit einer kleinen Ewigkeit.

Sie waren vier an der Zahl, 2001 kamen zwei Geschwister hinzu. Die Elterntiere dieses »Muskauer Heide-Rudels«, das sich 2005 auflöste, waren beide aus dem nordöstlichen Polen ausgewandert und trafen sich vermutlich schon 1998 auf dem Truppenübungsplatz. Sie konnten ihre junge Liebe eine Zeit lang geheimhalten.

Zwei dieser sechs Welpen bekamen später, nachdem sie eingefangen und für Forschungszwecke mit Sendern ausgestattet wurden, die Kurznamen FT1 und FT3. F steht für »Female«, T für »Telemetrie«. Die Kosenamen der Wolfsforscher klangen hingegen ein bisschen weniger kurz angebunden und auch viel freundlicher: »Sunny« und »Einauge«.

Diese beiden gelten als Urmütter der deutschen Wolfspopulation, sie schnappten sich Wolfsjungs – Sunny einen Burschen, der aus Westpolen angelaufen kam, Einauge vermutlich einen Halbbruder – und gründeten eigene Familien: das Neustädter und das Nochtener Rudel. Sunny und Einauge brachten zusammen über 80 junge Wölfe zur Welt. Cousin-Cousinen-Liebe, Nichte mit Onkel, Mutter mit Sohn – so etwas war zu Beginn der Wiederbesiedelung an der Tagesordnung. Ganz einfach, weil nicht immer genügend blutsferne Partner aus Westpolen nachwanderten. Doch eine gewisse Zeit lang ist derlei inzüchtiges Treiben kein Problem für den wölfischen Genpool.

Sunny machte vorher noch in einem genetisch ähnlich bedenklichen Zusammenhang Schlagzeilen: Im Jahr 2003 hatte sie sich, damals bekannt unter dem Zweitnamen »die Neustädter Wölfin«, bei Neustadt/ Spree mit einem verwilderten Hund gepaart und vier Mischlingswelpen zur Welt gebracht.

Für die meisten Artenschützer sind diese sogenannten Hybriden ein kleiner Albtraum, weil sich innerhalb einer so kleinen Population die »Haustiergene« in einem unerwünscht hohen Maß durchsetzen können. Man sieht die Reinheit der Wolfsart in Gefahr. Anfang 2004 wurden zwei der vier Hybriden-Welpen eingefangen und in ein Gehege im Bayerischen Wald gebracht. Binnen eines Jahres mussten beide eingeschläfert werden, wegen Verletzungen, die sie sich selbst am Gehegezaun zufügten. Von ihren Geschwistern fehlt jede Spur. Nach 2004 hat es dann offiziell keinerlei neue Hinweise auf Wolf-Hund-Mischlinge in Deutschland mehr gegeben.

• • • • •

Ich setze mich neben den Gedenkstein in die Sonne und denke über die eingemeißelte Aussage nach:

»Jahr 2000 – Wölfe in Deutschland«

Er wurde im Mai 2005 aufgestellt, in dem Jahr, als die Wolfsbesiedelung deutscher Lande unter Mithilfe der Urmütter Sunny und Einauge gerade erst ein wenig Fahrt aufnahm. Also zu einer Zeit, in der man sich die

Dynamik des weiteren wölfischen Geschehens noch überhaupt nicht vorstellen konnte.

Der Stein war eine späte und vielleicht auch ein bisschen ironisch gemeinte Antwort auf alle jene »Wolfssteine« im Lande, auf denen die jeweilige Erledigung des »letzten Wolfes« einer Gegend nicht selten in einer sehr schmissigen Rhetorik bejubelt wurde. Aber darüber ausführlicher in Kapitel 3.

Derlei historische Fakten wälzend, krame ich (neben einem ziemlich hinfällig aussehenden Käsebrötchen) auch ein Blatt Papier aus der Schultertasche: eine Karte, auf der alle Wolfsrudel, Einzeltiere und bestätigten Sichtungen von durchziehenden Wölfen verzeichnet sind. Ein beeindruckendes Gesprenkel, schon 2015. Heute, im Frühjahr 2017, an meinem Schreibtisch sitzend, bei einer Tasse Darjeeling, die das kreative Schreiben erleichtern soll, habe ich an meinem Computer die aktualisierte Version dieser Karte als PDF aufgerufen (www.lausitz-wolf.de/fileadmin/ PDF/WND_20170503_Map.pdf):

In Sachsen, Brandenburg und Sachsen-Anhalt ballen sich die als schraffierte Kreise dargestellten Markierungen für Rudel dicht an dicht, und zwar fast alle östlich der Elbe, also auf der rechten Uferseite. Ab einer gedachten Linie Berlin-Hannover und deren Schnittpunkt mit dem Strom massieren sich die Eintragungen auf der linken Elbseite und nördlich dieser Linie. So streckt sich eine rot gesprenkelte Zunge mit Basis südlich von Hamburg und nördlich von Bremen bis nach Cuxhaven an die Nordsee.

Bestätigte Einzeltiere hingegen, als rote Sterne dargestellt und Totfunde, mit einer Art Halteverbotsschild abgebildet, sind hingegen fast über ganz Deutschland verteilt: bei Regensburg, südwestlich von Stuttgart, nördlich von Koblenz, bei Wesel und rund um Osnabrück. Abgebildet wurden auf dieser Karte so allerdings nur Beobachtungen von 2016 bis Mai 2017. Mit Ausnahme des Saarlandes haben seit dem Beginn der Wiederbesiedelung inzwischen alle Bundesländer und Stadtstaaten offiziell bestätigten wölfischen Besuch bekommen.

Nach dem Urknall im Jahr 2000 blieben die Wölfe zunächst einmal in Sachsen. Rudel um Rudel wurde gegründet, doch sie blieben dicht beieinander, wie einzelne Eiblasen im Froschlaich aneinander haftend. Als gäbe es eine Anziehungskraft, welche die sächsischen Wölfe beieinander hielte. Um 2009/2010 werden dann die ersten beiden Wolfsrudel außerhalb von Sachsen beobachtet, im Bereich Welzow (Brandenburg) und auf dem Truppenübungsplatz Altengrabow (Sachsen-Anhalt). Und erst um das Jahr 2012 siedeln sich die ersten Paare in Niedersachen auf der anderen Seite der Elbe an. Wieder machen sie sich auf den verschiedenen Truppenübungsplätzen in der Lüneburger Heide breit. Ausgehend von diesem westlichen Vorposten beginnt die Erkundung des restlichen Deutschlands.

• • • • •

Forscher, Förster und freiwillige Helfer behalten unsere deutschen Wölfe genauestens im Blick. Es werden Sichtungen von Spaziergängern überprüft, Spuren gesucht, Kothaufen gesammelt, Genproben analysiert. Man will ja schließlich wissen, wo genau es Wölfe gibt, wie viele es sind und wie sie sich verhalten. Die Wolfskenner sprechen von »Monitoring«. Ein offizielles Wolfsmonitoringjahr beginnt am 1. Mai, denn um dieses Datum herum werden die Jungwölfe geboren, und es endet zwölf Monate später am 30. April.

Im Monitoringjahr 2015/2016 wurde nun für ganz Deutschland die Existenz von 47 Wolfsrudeln, 15 Wolfspaaren und vier »territorialen Einzeltieren« ermittelt, also den Singles der Wolfswelt. Geht man von neun Tieren pro Rudel aus (die Familie besteht in der Regel aus dem Elternpaar und dem Nachwuchs aus zwei Jahren) und addiert Paare und Singles, so ergibt sich eine beindruckende Zahl von mehr als 450 Wölfen, die 2016 in Deutschland ihre Fährten ziehen.

Die offiziellen deutschen Schätzungen sind immer sehr vorsichtig, sie werden alljährlich im Herbst hinter verschlossenen Türen von einem Expertenrat ausgekungelt, einer erlesenen Riege von Wolfsforschern, Wildbiologen und den zuständigen Referenten von Umweltministerien in Bund und Ländern. Und nicht immer soll es einvernehmlich zugehen im Rudel der Wolfsspezialisten.

Die deutsche Population wächst derzeit um jeweils rund 30 Prozent pro Jahr – eine Geburtenrate, von der westliche Wirtschaftsnationen nur träumen können. Nimmt man die 450 Tiere von 2015/16 und addiert für die fünf folgenden Monitoringjahre die Zuwachsraten hinzu, dann ergibt sich für das Frühjahr 2021 die beeindruckende Zahl von rund 1.670 Wölfen.

Der deutschen Population wird noch die westpolnische hinzugerechnet (oder umgekehrt), mit weiteren 53 Wolfsrudeln und -paaren. Man redet von der gemeinsamen »Mitteleuopäischen Flachlandpopulation«, die über die Grenzen hinweg einen genetischen Pool bildet. Dieser bekommt hin und wieder frisches Blut aus dem Osten, meist aus dem Baltikum, manchmal sogar aus Russland. Dieser Sextourismus funktioniert übrigens auch umgekehrt: Einer von Einauges Söhnen, der Rüde Alan, ist im Namen der Liebe (und mit einem Sendehalsband) annähernd 1.500 Kilometer bis nach Weißrussland geschnürt.

· · · · ·

Während für die Wiederansiedlung anderer, bei uns ebenfalls ausgestorbener Wildtierarten – wie zum Beispiel dem Luchs – viel Geld für recht überschaubare Ergebnisse ausgegeben wird, kamen die Wölfe völlig gratis und aus eigenen Stücken wieder zurück zu uns. Doch obwohl die Tiere das Ding auf eigene Pfote durchzogen, wird die Rückkehr des großen Räubers von Politik und Verbänden gerne als einer der größten Erfolge des heimischen Natur- und Artenschutzes beschrieben.

Verwunderlich in diesem Zusammenhang ist allerdings – zumindest für Wolfslaien – die Tatsache, dass sich die Wölfe nicht in Naturparks oder Schutzgebieten wiederansiedelten. Sondern eben ausgerechnet dort, wo sich die Schützenpanzer Marder und Transportpanzer Fuchs mit viel Krach »Guten Tag« sagen.

Wer sich die geografische Keimzelle der neuen deutschen Wölfe von oben anschaut, als Lausitzer Seeadler fliegend (oder mit Hilfe von Google Earth), der sieht den Truppenübungsplatz Muskauer Heide als vom Menschen gründlich zerrissenes Land – wie eine Baumrinde, an der eine riesige Bärentatze ihre Krallen geschärft hat. In einem hellen Beige, fast weiß, glänzt der Heidesand immer dort im flächigen Rostbraun und Grün von Heide und Nadelbäumen, wo Panzerketten und die Räder der großen Versorgungsfahrzeuge hin und her fahren. In Ost-West-Richtung ist die lange Schießbahn ausgerichtet.

Was um Himmels willen wollen die Wölfe hier? Die Antwort legt sich als grüner Schutzring um den Übungsplatz: Große unberührte Wald- und Heideflächen schotten die Kriegsübungsfläche von den sie umgebenden zivilen Lebensräumen ab. Hier rauscht kein Mountainbiker durchs Unterholz, hier drückt sich kein Pilzsucher ins Dickicht junger Nadelbäume. Die Warnschilder tun ihre Wirkung. Während zivile Wälder, so schön und romantisch und natürlich sie auch aussehen mögen, in der Regel als professionelle Wirtschaftsbetriebe genutzt werden, die auch noch für die mannigfaltigen Freizeitbedürfnisse der Menschen herhalten müssen, sind die Kriegswälder wahre Horte des kontemplativen Rückzugs – wenn nur das regelmäßige Geballere nicht wäre.

Wölfe haben zwei wesentliche Ansprüche an das Leben: Sie wollen ihre Jungen ungestört aufziehen können. Und sie möchten sich und die Familie ohne viel Aufwand gut ernähren. Truppenübungsplätze erfüllen beides. Es gibt dort große, weitestgehend ungestörte Areale, von der Lärmbelästigung einmal abgesehen. Und weil der Schießbetrieb eine ordentliche Jagd nur selten zulässt, gibt es reichlich Wild zu futtern für die Wölfe. Die Bestände von Hirsch, Wildschwein und Reh, in Deutschland im internationalen Vergleich ohnehin sehr hoch, erreichen hier Spitzenstände. Es ist nicht übertrieben, von einem Wolfs-Schlaraffenland zu sprechen – von einem Land, in dem einem die Frischlinge direkt ins weit geöffnete Maul spazieren. Wenn die Wölfe auf ihren ausgedehnten Streifzügen ein solches passendes Revier mit viel Wild und abgelegenen Arealen entdecken – dann sind sie gekommen, um zu bleiben, oft für den Rest ihres Lebens.

· · · · ·

Trotzdem muss man sich über den Geschmack von Wölfen Sorgen machen, zumindest was ihr unmittelbares Lebensumfeld betrifft. Denn in den frühen Jahren siedelten sich viele der Nachkommen der ersten Würfe zunächst treffsicher in Gebieten an, die bei radikalen Naturfreunden einen spontanen Brechreiz verursachen könnten. Das gilt insbesondere für das Nochtener Rudel, die erste Familie, die unsere Wölfin Einauge gründete. Nahe dem Örtchen liegt der gleichnamige Braunkohletagebau, mit monsterhaft kreisenden Baggerrädern in einer Weltuntergangslandschaft. Südlich von Nochten speien 24 Stunden am Tag die Kühltürme des Kohlekraftwerks Boxberg gigantische weiße Wolken in den Himmel. Und es gibt in unmittelbarer Nähe auch noch drei weitere Filialen des Truppenübungsplatzes Oberlausitz.

Wer durch die Oberlausitz fährt, fühlt sich schnell hin- und hergerissen. Es ist so schön grün. Hier glucksen kleine Bäche, dort steht ein hoher, lichter Wald. Die Orte sind (meist) gepflegt, die größeren verfügen über ganz ordentliche historische Stadtkerne. Keine Brandenburger Tristesse, keine Mecklenburger Depression. Doch dann tauchen plötzlich riesige braune Lichtungen im großen Grün auf: Gestern wuchsen hier noch in Eintracht Fichte und Kiefer. Heute ist schon alles abgeräumt, was einst Leben war, und der Kohlebagger kann kommen. Man sollte sich in dieser Gegend nicht auf Karten oder Navigationsgeräte verlassen. Weil die Landschaft ständig vom Menschen umgemodelt wird.

Krieg spielen, Braunkohle abbauen und in Kraftwerken zu Strom umwandeln: Das steht in seltsamem Widerspruch zu allem, womit wir modernen Menschen, die wir in Städten wohnen, den Wolf gemeinhin in Verbindung bringen: Natürlichkeit, unberührte Wildnis, gesunde Instinkte, eine heile Welt. Aber das ist Unsinn. Der Wolf handelt ja wie wir Menschen, wenn er sich sagt: Erst kommt das Fressen, dann kommt die Moral.

• • • • •

Einer Umfrage des Naturschutzbundes Deutschland aus dem Spätsommer des Jahres 2015 zufolge heißen vier von fünf Bürgern die Wölfe herzlich willkommen. Aber wird das auch noch so sein, wenn die Wölfe irgendwann nahezu überall sein werden, was ihre derzeitige Bevölkerungsexplosion ja nahelegt? Selbst wenn wir dieses Wachstum nicht unendlich linear fortschreiben sollten, weil ja jeder Boom sein Ende findet – wie viele Exemplare passen eigentlich zwischen Nordsee und Alpen, zwischen Oberlausitz und Niederrhein?

Es sind interessante Fragestellungen, die unsere Wolfsforscher und die zuständigen Behörden wie unser deutsches Bundesamt für Naturschutz (BfN) schon seit Längerem umtreiben. Es gibt eine Studie aus dem Jahr 2009, in der die Lebensräume hiesiger Wölfe analysiert wurden: Der Freiburger Wildtierökologe Felix Knauer entwickelte mit Kollegen im Auftrag des BfN ein Computermodell, das ganz Deutschland in kleine Planquadrate aufteilte und dort nach geeigneten Lebensräumen suchte. Nach solchen, die Lebensräumen ähnelten, wie sie von den Wölfen in Polen vorwiegend besiedelt wurden. Bewertet wurde das Verhältnis von Naturräumen wie Wiesen, Wäldern und Feuchtgebieten im Vergleich zu menschlichen Siedlungen und Gebieten mit intensiv betriebener Landwirtschaft. Der Computer kam zum Ergebnis, dass bei uns genau 441 Rudel und somit zwischen 2.000 und 3.000 Wölfe ein Auskommen haben könnten. Theoretisch. Knauer konstatierte aber, dass sich Wölfe oft nicht an die Ergebnisse von Berechnungen hielten. Und daher vielleicht nicht alle geeigneten Lebensräume besiedeln würden.

Doch über 440 Rudel sind noch längst nicht das Ende der forscherischen Fahnenstange. Unter der wirklich sehr anschaulich formulierten Fragestellung »How Many Wolves (Canis lupus) Fit into Germany?« – frei übersetzt: »Wie viele Wölfe kann man in Deutschland stopfen?« – kommen die AutorInnen Ilse Storch und Dominik Fechter zu stark schwankenden Ergebnissen: Je nach Berechnungsmodell könne die Bundesrepublik die Heimat von 154 bis zu 1769 Wolfsrudeln und somit von 661 bis 8845 in Rudeln auftretenden Individuen werden. Hier gehen die Forscher übrigens von Rudeln mit im Schnitt vier bis fünf Familienmitgliedern aus.

· · · · ·

Im Mai 2002 gab es große Aufregung in den Medien, weil Wölfe erstmals eine Schafherde angegriffen hatten. Es passierte nahe des kleinen Örtchens Mühlrose in der Nähe von Nochten, ebenfalls zwischen Tagebau und Truppenübungsplatz gelegen. Insgesamt 33 Tiere wurden getötet, der Aufruhr in der Gegend war groß. Quasi über Nacht wurde das sächsische »Wolfsmanagement« ins Leben gerufen, mit den beiden renommierten Wolfsforscherinnen Gesa Kluth und Ilka Reinhardt als Hauptprotagonistinnen. Die Schafbauern der Gegend bekamen Flatterband- und Elektrozäune zur Abschreckung, auch die Anschaffung von Herdenschutzhunden anteilig ersetzt, die vor Übergriffen schützen sollten. Die Zeche bei Übergriffen zahlte fortan die Landesregierung. Geld und gute Worte waren die Waffen im Kampf für den Wolf.

Das »Wildtiermanagement« wurde in den 1930er-Jahren in den USA erfunden, mit der Fragestellung: Wie können die Bedürfnisse schützenswerter Tierarten und die der Menschen aufeinander abgestimmt werden? Oder auch: Was kann man dafür tun, dass die Stimmung nicht kippt?

Drei Säulen kennt, darauf aufbauend, das »Wolfsmanagement« in Deutschland: das Monitoring, den Herdenschutz und die Öffentlichkeitsarbeit. »Wir haben eine wichtige Erfahrung gemacht: Damit die Tiere hier heimisch werden können, müssen die Menschen sie tolerieren. Bei uns in der Lausitz funktioniert das inzwischen sehr gut. Auch wenn es eine Reihe sehr engagierter Gegner gibt, sind die Wölfe von der Bevölkerung weitgehend akzeptiert«, sagt Gesa Kluth im Jahr 2014 der ARD-Sendung »planet wissen«: »Auch die Tierhalter haben sich auf ihre Anwesenheit eingestellt. Aber überall, wo sich Wölfe neu ansiedeln, fangen wir mit der Aufklärung beinahe bei null an. Wir versuchen mit Erfahrungsberichten aus der Lausitz die Menschen in den neuen Gebieten davon zu überzeugen, dass der Wolf nicht böse oder heimtückisch ist – wenn man auch seine Schafe und Ziegen vor ihm schützen muss.«

Forscherin Kluth glaubt fest, »dass die Tiere eine wichtige Rolle in unserem Ökosystem einnehmen und es gut möglich ist, mit Wölfen in der Nachbarschaft zu leben, ohne dass wir Menschen Angst vor ihnen haben müssen«.

Doch ob die Rückkehr des Wolfes nun wirklich bereits als große Erfolgsgeschichte des Naturschutzes gelten darf, wie zum Beispiel die derzeitige Bundesumweltministerin Barbara Hendricks es ausdrückt, das sei einmal dahingestellt. Es ist aber bestimmt die spannendste deutsche Tiergeschichte seit langer, langer Zeit. Und eine mit unklarem Ausgang: Werden Menschen und Wölfe einen guten Umgang miteinander finden?

Denn so Friede-Freude-Eierkuchen, wie Gesa Kluth es bei »planet wissen« darstellte (und ihre Wolfsexperten-Kollegen es auch andernorts nicht müde werden zu verbreiten), ist die Situation dann doch eher nicht. In Niedersachsen zum Beispiel gärt es seit 2015 im Raum Vechta, wo Wölfe über Schutzzäune springen. Solche »Springwölfe« gibt es inzwischen auch in Sachsen, und die Schäfer weigern sich, auf diese Weise mit ihren Schafen eine »wichtige Rolle im Ökosystem« einzunehmen.

Dann streunen auch noch hier und da Wölfe, die eine gewisse Distanzlosigkeit gegenüber dem Menschen an den Tag legen, durch menschliche Siedlungen und laben sich dabei an Mülltonnen. Politiker des rechten Parteienspektrums fordern deshalb bereits wieder die Jagd auf Wölfe. Auf der linken Seite widerspricht man meist vehement.

Doch auch hier bröckelt die Front: Ausgerechnet in der »TAZ am Wochenende« resümiert im März 2017 der Autor am Ende einer dreiseitigen Reportage unter der Überschrift »Er kommt uns näher, immer näher«: »Da ist sie, die Freude über den Wolf. Dieses seltene, anmutige Tier war hier, genau hier. Am besten bleibt es aber auch da – weit weg im sächsischen Wald. Zur Not müssen wir es zwingen, mit dem Gewehr.«

Juristisch gesehen kommt dieser letzte Satz der glatten Aufforderung zu einer Straftat bedenklich nah: Denn die Frage, ob Wölfe wieder in deutsche Lande gehören, wurde dem Gesetz nach schon längst beantwortet: Ja, das tut er. Und er ist dabei strengstens geschützt.

Die Fähe hatte seine Witterung schon längst aufgenommen. Nun stehen sie sich gegenüber. Er geht ein paar Schritte auf sie zu, sie weicht zurück. Er drängt sich heran, sie wendet sich ab. Dann ziehen sie gemeinsam über die Lichtung, erst schnürend, dann im Galopp, Seite an Seite. Auch die Wölfin war aus Polen gekommen, hatte den Wald mit den großen Sandflächen und dem vielen Wild als passende Heimat entdeckt.

2 TATZEN AM KINDERGARTEN:
Das Comeback der Angst

»Da liegt einer!« Der Förster bremst aus voller Fahrt, die sandige Piste knirscht und staubt. Raus aus dem Pick-up, mit ein paar schnellen Schritten ist er am Tatort. Er lässt sich in eine Art Liegestütz fallen, um mit der Nase ganz dicht an das haarige Etwas heranzukommen.

Es ist ein prächtiger Haufen Wolfskot, 20 cm lang, gut 4 cm dick, grau-braun. »Die legen sie zur Markierung ihrer Reviere gerne auf Wegen und Kreuzungen ab«, erzählt Jörg-Rüdiger Tilk, Mitte 50, ein kantiger Kerl mit Dreitagebart. Er trägt einige Wetterfalten im Gesicht, Typ Robert Redford. Man könnte aus ihnen herauslesen, dass er gerne lacht und sich auch gerne einmal ärgert.

Herr Tilk arbeitet als Förster beim Bundesforstbetrieb Lüneburger Heide, die Naturbelange auf den Truppenübungsplätzen von Munster (*Nord* und *Süd*) und Bergen liegen in seinem Zuständigkeitsbereich. Er ist auch einer der örtlichen »Wolfsberater«.

Die Bezeichnung mag etwas verwirrend sein: Tilk berät nämlich gar keine Wölfe. Er überredet Menschen in seinem Umfeld, insbesondere Tierhalter und Jäger, den Wolf gut zu finden. Zumindest versucht er es. Der Förster ist auch für das Monitoring zuständig, also für die wissenschaftliche Beobachtung der Wölfe.

Deshalb geht der Batzen Verdautes auch in die Annalen der deutschen Wolfsforschung ein: mit seiner eigenen GPS-Ortung und einem Vermerk im Wolfsjournal. Regelmäßig leitet Tilk diese Daten an die Landesjägerschaft weiter, die in Niedersachsen das Monitoring koordiniert. Natur, Tiere, Jagd – für derlei haben im föderalen Deutschland die Bundesländer die Hoheit.

Freundlich lächelnd reicht Förster Tilk ein Paar blaue Latexhandschuhe herüber und fragt: »Wollen Sie auch einmal?« Fünf Minuten lang zerpflücke ich die Wolfscheiße, Stück für Stück. Sie besteht aus der sogenannten Kotpaste, mit der Konsistenz von Zahnpasta. In ihr sind unverdauliche Überreste der Wolfsnahrung abgelagert: Knochenstücke, Zähne, Hufe von Rehen, Haare. Der Wolf tut, was uns Menschenkindern die Eltern auszutreiben versuchten: Er schlingt ganz fürchterlich. Bis zu 10 Kilogramm Fleisch fasst sein Magen auf einmal, wenn es sein muss. Das würde, aufs Körpergewicht bezogen, bei mir einer Grillportion von um die 25 Kilogramm entsprechen. Die Vorstellung macht mir Angst.

Meine Ausbeute ist nicht so toll, ein paar Haare, wahrscheinlich vom Wildschwein, und ein paar Knochenstücke unbekannter Herkunft. Der Gestank aber ist bemerkenswert: roh, wild, stark. Wie die eingekochte Essenz von Hundehaufen. Der Wolfsberater sagt: »Der hier ist schon alt, das ist gar nichts. Den Geruch von frischer Losung, den vergessen Sie nie wieder!«

Nur wenn das Material frisch ist, höchstens ein, zwei Tage alt, können die Urheber noch per DNA-Analyse bestimmt werden. Er schiebt die zerpflückten Überreste mit zwei, drei schlenzenden Fußbewegungen von der Piste ins Gras am Straßenrand: »Sonst zählt ein Kollege den Haufen noch ein zweites Mal.« Wir steigen zurück in den Pick-up und rattern weiter.

Wer sich für die Neue Deutsche Wolfswelle (NDWW) interessiert, der muss nach Munster kommen. Tilk deutet an, dass eigentlich auch schon alle, die interessiert sind, hier gewesen sind. Ständig muss er mit Journalisten ausrücken, mit Forschern und Experten. Die Fragen sind immer dieselben:

Was ist eigentlich mit euren Wölfen los?

Wieso verhalten die sich so komisch?

Hier in Munster beginnt nämlich die westdeutsche Nachkriegsgeschichte von Canis lupus lupus. 2011 bezieht eine Fähe aus dem Nochtener Rudel, also eine Tochter Einauges, ihre neue Bleibe. Ein sächsischer Rüde zieht nach, aus dem »Seenland« nordwestlich von Hoyerswerda, seine Mutter ist Sunny. Es handelt sich somit um echte Liebe unter Cousin und Cousine. Schon 2012 werden erste Jungwölfe beobachtet. Bis 2016 kommen hier mindestens 27 Welpen zur Welt.

Weiter über zehn Jahre lang lebten da schon wieder Wölfe in Deutschland. Doch so richtig angekommen im Bewusstsein der Bürger aus den Altbundesländern war das noch nicht. Bislang hatte das Raubtiertheater seine Aufführungen ja schließlich ganz weit im Osten gehabt. Am Rande der Republik. Wenn da rechts außen auf der Karte, eigentlich schon so gut wie in Polen, zum Beispiel ein paar Schafe gerissen wurden – wen sollte das schon interessieren?

Aber schnell wird klar: In Munster ist etwas anders. Schon Anfang September 2012 kommt es zu einem bemerkenswerten Zusammentreffen zwischen Mensch und Wolf. Drei Jungwölfe, zu diesem Zeitpunkt wohl etwas mehr als vier Monate alt, aber schon fast so groß wie Schäferhunde, heften sich an die Fersen eines Soldaten auf dessen einsamem Nachtmarsch. Geht er weiter, kommen sie mit. Bleibt er stehen, harren auch die Tiere aus.

Das ist dem Mann unheimlich. Er will auf einen Aussichtsturm in der Mitte des Übungsplatzes klettern, einer der Wölfe folgt ihm bis zur Leiter. Der Mann steigt wieder herab, tritt nach dem Wolf, der sich daraufhin zurückzieht. Die Wölfe folgen dem Mann noch ein wenig, insgesamt war es eine Strecke von rund zwei Kilometern, wie die später hinzugezogene Polizei ermittelt. Dann huschen die Verfolger zurück ins Dunkel. Der Soldat gibt später zu Protokoll, er habe »ein unangenehmes Gefühl« gehabt.

Solch mangelnder Respekt gegenüber dem Menschen wurde später auch bei den Elterntieren beobachtet. Die folgten zwar keinem Menschen, zeigten sich aber von humaner Nähe völlig unbeeindruckt. Das mag seine grundsätzliche Ursache zunächst im Lebensraum der Munsteraner Wölfe haben. Man muss sich den Truppenübungsplatz Munster-Nord wie eine Torte vorstellen, vom Rand aus zielen die Soldaten von mehreren Schießbahnen auf das sogenannte große »Schießfeld« in der Mitte. Auf diese Weise werden Schäden weitgehend ausgeschlossen: Schießen die Soldaten über das

Ziel hinaus, so ist die Gefahr, zum Beispiel ein ziviles Gebäude zu treffen, wesentlich geringer, als würden sie von der Mitte heraus nach außen schießen.

So wechseln sich die Tortenstücke mit Schießbahn und solche mit Wald- und Moor-Arealen ab. Die Wald- und Moor-Tortenstücke bleiben über Jahre praktisch unberührt. Sie werden sich selbst überlassen, dürfen wild wuchern. Was dazu führt, dass sich auf den Kriegsspielplätzen seltene Tier- und Pflanzenarten ansiedeln. Es herrscht eine hohe Artenvielfalt im Land der fliegenden Geschosse. So siedeln in Munster und Bergen etwa zwei Drittel der niedersächsischen Birkhuhn-Population, die kleinen Geschwister des Auerhahns, sie sind vom Aussterben bedroht. Es gibt auch seltene Schwarzstörche hier, Kraniche und vieles mehr, worauf Förster Tilk durchaus stolz ist.

Auch wenn hier an manchen Tagen einige Tausend Mann in Kampfmontur unterwegs sind und an bis zu 250 Tagen im Jahr scharf geschossen wird, so stellt doch keiner der zweibeinigen Besucher den Wölfen nach. Die intelligenten Tiere bekommen schnell spitz, dass die grünen Männchen hier keine Bedrohung sind. Zumal diese die Natur-Tortenstücke so gut wie nie betreten oder befahren.

Die nächtliche Begegnung des Soldaten mit ein paar Wolfsrüpelchen sollte nicht die letzten »Breaking News« aus Munster bringen. Im Winter 2014/2015 ging es nämlich richtig los. Ein Jungtier aus dem Frühjahr 2014 zog für ein paar Monate kreuz und quer durch Norddeutschland. Und war dabei recht zeigefreudig.

Das schon bald »Wanderwolf« getaufte Tier lief gleich mehrere Male tagsüber vor die Handylinsen von Amateur-Reportern, die Filmchen irrlichterten durch die sozialen Netzwerke, mit Entsetzen wie Begeisterung als Reaktion. Seine ausgedehnten Touren führten den Wolf, so konnte später auch anhand von Kotproben rekonstruiert werden, von Munster bis über die niederländische Grenze und zurück, und ein weiteres Mal bis hoch nach Cuxhaven.

Er rannte an Feldern entlang, auch durch Dörfer in der tiefsten niedersächsischen Provinz, zum Beispiel durch Mulmshorn, Reeßum, Vorwerk, Brillit, Geeste, Herzlake, Grafeld. Mitarbeiter des Wasser- und Schifffahrtsamtes filmten das Tier auch nahe des Dortmund-Ems-Kanals bei Geeste-Varloh. Es stoppte häufig, wenn es Fahrzeuge sah. Und bewegte sich sogar auf sie zu. Ein Mann, der den Wolf bei Geeste im Emsland sichtet, berichtet davon, wie das Tier bis auf drei Meter herankommt: »Es wirkte irgendwie ratlos und rastlos.«

Der Wolf war in der Mitte unserer Gesellschaft angekommen. Zumindest geografisch. Und plötzlich litt seine Beziehung zum Menschen unter zu viel Nähe. Besonders übel nahm die Öffentlichkeit, dass er sich auch auf ungebührliche Weise einem Waldkindergarten näherte. Augen zu, wirken lassen: Eine rasende Bestie pflügt sich durch die Eichhörnchengruppe und bringt rasend alle acht Vorschulkinder um. Solches Kopfkino feierte in Goldenstedt bei Vechta Premiere

– ein Ort, den man sich übrigens merken sollte, bis Kapitel 8.

Eine Anwohnerin hatte den Wolf in den späten Abendstunden in der Nähe des Waldkindergartens beobachtet. Während die Leiterin der Einrichtung um Sachlichkeit bittet und ihre Kinder weiterhin »guten Gewissens« im Wald spielen lässt, wird bei der örtlichen CDU über die sofortige Schließung nachgedacht. Ein NABU-Experte findet hingegen beruhigende Worte: »Kinder passten doch gar nicht in das Beuteschema des Wolfes!« Hatte der Mann etwa niemals das »Rotkäppchen« gelesen? Selbst Eckhard Fuhr, dessen Artikel und Bücher ich hier ausdrücklich empfehlen möchte (Sie haben mein Buch ja bereits gekauft!), schreibt in der »Welt«: »Ein Raubtier, das um Kinder schleicht, wie in Niedersachsen geschehen, muss erschossen werden.«

Eine Reaktion von offizieller Seite lässt lange auf sich warten. Das zuständige Landesumweltministerium schweigt beredt zu den Vorwürfen. Derweil heizt sich die Stimmung auf: Eine als wolfsfeindlich bekannte Jagdzeitschrift bläst zur Hatz, dann auch die lokalen Blätter. Frei nach dem Motto, es sei nur eine Frage der Zeit, bis man an der Haltestelle des Schulbusses nur noch blutverschmierte Ranzen vorfinde. Nach ein paar Wochen wird endlich bekannt gegeben: Der Wanderwolf entstammt dem Munsteraner Rudel.

Wandertouren sind bei Teenagerwölfen ganz normal. Manche ziehen schon in ihrem ersten Winter los. Mit acht, neun Monaten machen sie sich auf den Weg zu neuen Gefilden. Sie spüren einen uralten Bewegungsdrang. Es ist der Ruf der Gene. Sie kommen im Mai zur Welt, um Weihnachten herum sind sie zwar groß wie Schäferhunde, aber vom Gemüt noch echte Jungspunde. »Die sind dann mitten in der Pubertät«, sagt Tilk.

Immer größere Kreise ziehen sie um das Areal, in dem sie geboren wurden. Kommt die »Ranzzeit« im Januar und Februar, sind manche der Jungwölfe vom Vorjahr dann schon auf Freiers-Tatzen unterwegs. Sie legen problemlos bis zu 70 Kilometer in 24 Stunden zurück, manchmal ist sogar von 100 Kilometern die Rede.

Dass ein Wolf auf nächtlichen Reisen, ohne Navi und einer Vorstellung von menschlicher Zivilisation, einmal an einem Kindergarten vorbeischnürt, dürfte dabei völlig normal sein. Würde er auf einem OBI-Parkplatz gesichtet, müsste er nach der Logik der Wolfskritiker kurz davor sein, den Baumarkt zu überfallen.

Eine gewisse Respektlosigkeit sei bei Wölfen dieses Alters ganz normal, sagt Tilk. Sie sind ja noch neugierig, »machen ihre Erfahrungen«. Doch der Wanderwolf verhielt sich mehr als nur pubertär. Der Tierfilmer Sebastian Koerner hat eine ganze Menge deutscher Wölfe abgelichtet. Und so sehr viel mehr Zeit mit wilden Wölfen verbracht. Er meint den zahlreichen Handyfilmchen von Begegnungen mit dem Wanderwolf auf YouTube und Facebook entnehmen zu können, dass das Tier an die Gegenwart des Menschen gewöhnt sei. »Habituiert« nennt das der Fachmann. Koerner mutmaßt auf dem

Blog »Wolfsite«, dass der Wolf in einem der Videos einen Autofahrer um Fressen regelrecht angebettelt habe: »Die Annäherung und das meist kurze Abwarten an Fahrzeugen deuten darauf hin, dass diesen Tieren gelegentlich Futter zugeworfen worden sein könnte.«

Im Laufe meiner Recherche für dieses Buch rede ich auch mit einem Soldaten, der in Munster bei Übungen Anfang der 90er mitgemacht hat, also noch vor den Wölfen. Die Wartebaracken seien gar nicht so weit vom Aufzuchtgebiet entfernt, sagte der Exsoldat: »Man hockt da stundenlang, ohne dass etwas passiert. Das ist todlangweilig. Wenn da so ein Wölfchen vorbeikäme, wäre das schon eine Sensation.«

Den Soldaten war zwar ausdrücklich verboten worden, die Tiere zu füttern. Aber wer sollte schon verhindern, dass die eine oder andere Stulle Richtung Welpen flog?

Jörg-Rüdiger Tilk hält im Übrigen andere Tatorte der Anfütterung für möglich, und damit auch andere Täter: »Es gibt schließlich keinerlei richtige Belege dafür, dass es wirklich Soldaten auf dem Truppenübungsplatz gewesen sind.« Und damit hat er wohl recht. Genauso gut wäre es möglich, dass Hobbyfotografen außerhalb des Übungsplatzes Futter in einem Bereich auslegten, den die schon etwas größeren Welpen auf ihren Streifzügen erreichen konnten.

So oder so lernen wir hier: Ein Wolf muss nicht unbedingt Wild fressen. Er holt sich auch Essensreste aus Tonnen oder vom Straßenrand, das ist nicht so aufwendig, die rennen schließlich nicht weg. Als natürlicher Energiesparer sucht der Wolf nach Wegen, möglichst viel Nährstoffe mit möglichst wenig Einsatz zu bekommen.

Angenommen, die Geschichte ist so passiert, wie Fotograf Koerner vermutet: Der Welpe von Munster lernt so schon früh, dass Menschen ihm Nahrung zuwerfen. Und was tut er dann auf seinen ersten Wanderungen, fern der Heimat, zum ersten Mal auf die Früchte seines eigenen Nahrungserwerbs angewiesen? Er bettelt Menschen in Autos an. Koerners These scheint mir sehr schlüssig.

· · · · ·

Der Druck auf die ministeriellen Wolfsschützer wird immer größer beim Wanderwolf, mit jeder Sichtung, mit jedem Filmchen ein bisschen mehr. Denn der strikte Schutzstatus des deutschen Wolfes hat Lücken: Wenn Tiere verhaltensauffällig werden, dürfen einzelne der freien Natur »entnommen« werden. »Entnahme«: ein weiteres schönes Exemplar in der reichen Tradition deutscher Wortsinnverharmlosungen. Üblicherweise bekommen auffällige Tiere von den Zeitungen den Vornamen »Problem-« verpasst, und das ist dann schon das halbe Todesurteil.

Wie beim »Problembär Bruno«, der im Mai 2006 die Republik in Atem hielt, weil er sich illegal Schafe und Hühner aneignete. Und überhaupt dem Menschen zu nahe kam. Er war der erste deutsche Bär nach 170 Ausrottungs-Jahren. Der Erstgeborene der italienischen Bären Jurka und Joze, auch bekannt unter dem Namen JJ1, wurde mit Gummigeschossen und Knallkörpern traktiert. Doch er ließ sich nicht verjagen. Erst war der Fang geplant, doch nach erfolglosen Versuchen (und 32 Schafen) ging es Bruno ans Fell, drei Jäger erlegten ihn in staatlichem Auftrag.

Der Wanderwolf soll, nach langem Hin und Her, zunächst erst einmal betäubt und mit einem Sender versehen werden. Um ihn im Falle weiterer unsittlicher Annäherungen »vergrämen« zu können. Das ist wiederum ein sehr schönes Wort aus der Jägersprache für die »negative Konditionierung«. Praktisch bedeutet es: Mit Gummigeschossen würde man dem Wanderwolf die menschliche Nähe nachhaltig madig machen. Der Plan: Käme er einer Siedlung zu nah, gäbe es Saures. Auf dass er sich keiner Siedlung mehr nähern würde. Erst nach dem Scheitern dieser Maßnahme würde man den Wolf töten lassen, machte das Umweltministerium klar.

Es folgte ein Desaster. Trotz umherstreifenden Polizei-Hundertschaften und dem Einsatz eines Hubschraubers schien es auf einmal unmöglich, dem Wolf nahezukommen. Das Landesumweltministerium muss sich in einer »Fragestunde« im Landtag in Hannover rechtfertigen.

• • • • •

Im Verlauf der Hatz auf den Wanderwolf wird ein professioneller Tierjäger gerufen. Heino Krannich ist ein Meister am Betäubungsgewehr, er kann von dieser

Fertigkeit leben. Äußerst selten nur versagt er. Auf der niedersächsischen Wolfsjagd aber kommt er immer zu spät. Nicht seine Schuld, erzählt er mir ein Jahr später: »Erst brauchten die Behörden viele Tage, um mir tatsächlich grünes Licht zu geben. Und immer, wenn ich dem Wolf dann auf die Pelle rücken konnte, fand sich schnell irgendein Anlass, um den Zugriff zu verzögern.« Speziell die Zusammenarbeit mit ebenfalls angerückten Wolfsforschern hat er in schlechter Erinnerung. Krannich beschleicht das komische Gefühl: »Die wollen vielleicht gar nicht, dass ich ihn kriege.« Krannich trifft während seines Streifzugs dann auch auf Menschen, die aktiv die Nähe des Wanderwolfs suchen: »Die wollten ihn füttern. Weil er so süß und so allein war.«

· · · · ·

Ein Geschwister des Wanderwolfs hatte schon im Februar in Schleswig-Holstein für Aufruhr gesorgt. Am helllichten Tag verletzte er auf einer Wiese bei Mölln, östlich von Hamburg, vier Schafe, zwei überlebten den Angriff nicht. Gut eine Stunde lang ließ er sich nicht vom Bauern und dem herbeigerufenen örtlichen Wolfsberater vertreiben. »Unsere Präsenz hat den einen Dreck interessiert!«, beschreibt mir der Mann die Szene später: »Ich habe mich groß vor ihm aufgebaut, ihn angeschrien, aber er schlich weiter um uns herum.« Doch der Möllner Wolf findet schnell Fürsprecher: »Bei der Begegnung nahe Mölln zeigte sich der Wolf in keiner Situation aggressiv gegenüber den Menschen«, schreibt der Naturschutzverbund NABU in einer Pressemitteilung. Auch dieses Tier solle daher »zunächst intensiv beobachtet werden und gegebenenfalls mit Kunststoffgeschossen vergrämt werden«.

Über beide auffälligen Geschwisterwölfe wird schließlich das Todesurteil verhängt. Der Möllner Wolf taucht danach nie wieder auf. Wolfsfreunde sehen das als schönes Beispiel für eine gelungene Rehabilitierung eines straffälligen Wolfes an: Es zeige, dass sich die Gewöhnung an den Menschen auch wieder legen könne. Aber ist es nicht doch eher wahrscheinlich, dass der Wolf illegal geschossen wurde? Denn um vollständig vom Radar der hiesigen Wolfsforscher verschwunden zu sein, müsste er schon sehr, sehr weit gewandert sein – wie sein Vorfahre »Alan«, der ja bis nach Weißrussland lief.

· · · · · ·

Nach dem Todesurteil wird es auch still um den Wanderwolf. Genetische Proben geben im Frühsommer 2015 eine Antwort auf die Frage, wo er sich herumtreibt: Das Tier hat sich dem behördlichen Zugriff durch einen Verkehrsunfall mit Todesfolge entzogen, starb bereits Mitte April 2015 auf der A7 bei Berkhof. So löste sich das Problem von selbst.

Beiden Unruhestiftern aus Munster war behördlich bestätigt worden, »habituiert« zu sein. Kurz: Der Mensch war schuld an allem. »Wenn ein gesunder Wolf die Nähe von Menschen sucht, müssen wir davon ausgehen, dass er von Menschen angefüttert wurde«, sagte NABU-Wolfsexperte Markus Bathen dazu in einem Text auf der Homepage seines Verbandes. Und warnte, die unzulässige Anfütterung von Wölfen in freier Wildbahn berge Gefahren für das Tier und für den Menschen: »Wenn Futter ausgelegt wird und damit Menschengeruch annimmt, können Wölfe die Erfahrung machen, dass Menschennähe gleichzeitig Nahrung bedeutet.«

Ob nun tatsächlich, wie vielfach vermutet, Soldaten die Wölfe illegal gefüttert hatten, wurde nie geklärt.

· · · · ·

Zwei Welpen von sechs des 2014er-Wurfs aus Munster sind also bereits tot. Und auch von ihren verbliebenen Geschwistern werden wir später noch hören. Die Geschehnisse um Munster zeigen: Der Wolf für sich stellt erst einmal kein Problem dar. Probleme gibt es erst, wenn Menschen Nähe provozieren oder sie auch einfach nur zulassen. Der Wolf ist ein Opportunist. Und er lernt schnell. Wenn er lernt, dass er aus der Nähe zu Menschen profitiert, wird er uns immer näher kommen. Der Wanderwolf aus Munster wirft so zum ersten Mal ganz offen die Frage nach dem künftigen Zusammenleben auf: Kann das denn funktionieren?

· · · · ·

Am Ende des Ausflugs auf den Truppenübungsplatz muss Förster Tilk noch den Chip einer Wildkamera auslesen, die an einem Baum direkt neben einem mit tiefen Furchen durchzogenen Waldweg am Rande des Truppenübungsplatzes befestigt ist. Per Bewegungsmelder ausgelöst, zeichnet die Kamera kurze Clips auf, immer wenn da etwas kreucht und fleucht.

Für Munster heißt das: Erst fährt ein Panzer von links nach rechts, nachts, im rauschenden Schwarz-Weiß, dann ein LKW von rechts nach links. Eine Hirschkuh zieht vorbei. Dann wieder ein Panzer, noch ein Panzer, ein weiterer LKW. Ein Trupp Wildsauen schlendert durchs Bild. Dann wieder LKW.

So geht es die ganze lange Nacht hindurch, als wäre heimlich der Dritte Weltkrieg ausgebrochen. Tilk klickt die einzelnen Clips weiter und weiter, er stöhnt schon leise, als das nächste Filmchen endlich einen Wolf zeigt, wie dieser im Licht der aufgehenden Sonne für einige Sekunden völlig regungslos verharrt. Erst sieht es wie ein Foto aus, die Kamera hat wegen des beginnenden Tageslichts bereits auf farbig umgeschaltet. Doch dann bewegt der Wolf den Kopf ganz leicht und schaut in die Kamera. Mit diesem ganz besonderen Blick, der durchs Mark geht. Im Guten wie im Bösen.

EINAUGES GESCHICHTE 3

Im Frühjahr 2000 ist die Fähe unruhig, durchläuft
immer wieder aufs Neue ihr Revier auf dem Truppenübungsplatz Muskauer Heide. Sie ist fülliger
geworden, trägt vier Junge in sich. Die Wölfin
sucht ein ruhiges Plätzchen, einen sicheren Ort,
um die Welpen zur Welt zu bringen. Ende April
ist es so weit. Die ersten deutschen Wölfe seit
vielen Jahren liegen dicht aneinandergedrängt
in der Höhle, die Augen noch geschlossen, hek-
tisch atmend und mit schnellem Herzschlag.
Eines der Wölfchen ist Einauge.

3 VON STEINERNEN DENKZETTELN:
Unendlicher Hass auf Wölfe

Traurig blicken die gläsernen Augen, das zahnbewehrte Maul mit hängender Zunge ist zur Andeutung eines Lächelns verzogen – und das soll der berühmte »Tiger von Sabrodt« sein? Um das Jahr 1900 stießen die Bewohner rund um das Lausitzörtchens Sabrodt, auf halber Strecke zwischen Hoyerswerda und Spremberg gelegen, regelmäßig auf Überreste getöteter Rehe und Schafe. Erst im Jahr 1904 wurde die Urheberin getötet, eine in der Vorstellungswelt der Menschen mittlerweile zur gefährlichen Raubkatze mutierten Wölfin. Bei einer groß angesetzten Treibjagd erschoss man die Bestie. Jetzt schaut sie bis in alle Ewigkeit starr und ein wenig dumm aus ihrem Glaskasten im Stadtmuseum Hoyerswerda heraus. Wenn man nur den Wolf sehen möchte, ist der Eintritt frei. Ich hole mir trotzdem ein Ticket. In der Oberlausitz brütet immer noch eine heiße Sommersonne. Das Stadtschloss, in dem das Museum sich befindet, ist hingegen schön kühl.

Der Anblick des »Tigers« macht mich noch trauriger, als es ausgestopfte Tiere ohnehin schon tun. Sein Fell ist in all den Jahren stumpf geworden. Wie er dasteht, massig, plump, hat er nichts mehr von einem autonomen Wildtier. Gründlicher kann man sich nicht an der Schöpfung rächen als mit einem solchen Präparat.

Geschossen wurde die Fähe nicht in Sabrodt, sondern nahe des Dorfes Tzschelln, östlich von Sabrodt gelegen. Den Ort gibt es heute nicht mehr, er wurde zugunsten des Braunkohletagebaus bei Nochten von den Landkarten gewischt. Bürokraten verwenden dafür das sehr abstrakt wirkende Verb »devastiert«. Konkret hieß das unter anderem, die alte Fachwerkkirche im Jahr 1978 in die Luft zu sprengen. Tzschelln gibt es nur noch im »Archiv der verschwundenen Orte«. Um von hier, wo der letzte deutsche Wolf, tituliert als »Sabrodt-Tigerin« geschossen wurde, an jenen Ort zu gelangen, wo die Wölfin Einauge geboren wurde, braucht man heute mit dem Auto etwas mehr als 20 Minuten.

Die Jahrhundertwende um das Jahr 1900 ist eine bewegte Zeit, voller Fortschrittsenthusiasmus. Die Wirtschaft brummt (auf Kosten des Proletariats). Die Herren Darwin, Marx und Freud haben ihre modernen Theorien bereits in die Welt gesetzt. Rasant wächst der Lebensraum Großstadt. Neue Verkehrsmittel und Instrumente der Kommunikation beschleunigen das Leben der Menschen auf ungeheure Weise. Erkenntnisse der Naturwissenschaften beginnen, religiöse Weltdeutungen zu verdrängen. Der Auftritt einer Bestie namens Wolf passt da kaum ins Bild.

»Seine Vorsicht und Schnelligkeit spotteten allen Nachstellungen«, zitiert Eckhard Fuhr in »Rückkehr der Wölfe« einen damaligen Zeitungsartikel. Lang foppte das Tier seine Verfolger. Doch im Februar 1904 zieht sich das Netz langsam zu. Frisch gefallener Schnee ist der Freund der Spurensucher, das gilt auch heute noch für das Wolfsmonitoring. Der Revierförster Dommel aus Neustadt (der Name der Stadt findet sich später in Sunnys »Neustädter Rudel« wieder) organisiert flugs eine große »polizeiliche Jagd«. Bald schon gelingt es, den Räuber einzukreisen. Ein erster Schuss trifft das Tier, auf seiner blutigen Flucht wird es vollends gestreckt. Der Förster Brehmer-Weißkollm schießt aus etwa 30 Meter Entfernung. Die Wölfin kann sich noch in ein Dickicht schleppen. Dort tut der letzte deutsche Wolf seinen letzten Hauch.

Im Nachruf spricht die Jagdzeitschrift »Wild und Hund« (die es noch immer gibt), von einem »Satan«. Die Teufelin war angeblich 160 Zentimeter lang, an der Schulter gemessen 80 Zentimeter hoch und wog 41 Kilogramm. Ganz schön groß, wenn diese Daten stimmen sollten.

• • • • • •

Darüber, dass die Bezeichnung des »Tigers von Sabrodt« als »letzter deutscher Wolf« ein wenig an den Haaren herbeigezogen ist, haben schon viele Experten geschrieben und gesprochen. Das Bedürfnis, vom »letzten Wolf« zu reden, rührt wohl vom Bedürfnis her, alles in Zahlen zu fassen und damit anschaulicher zu machen. Die Geschichten solcher »letzten Wölfe« sind fast immer Geschichten von Einzeltieren, die sich für eine Zeit in einer Region etablierten, aber vermutlich immer Single blieben, weil kein Partner nachkam.

Schauen wir auf unsere letzten Wölfe, dann gibt es noch das Problem, dass es ja gar nicht so einfach ist, von »Deutschland« zu reden: Welches Deutschland meinen wir damit denn? So wurden im Elsass im Jahr 1911 Wölfe geschossen, das Choucroute-Ländchen gehörte damals ja noch zum Deutschen Reich. Aus Ostpreußen am anderen Ende der Karte vergangener deutscher Lande (mit dem damaligen Königsberg – heute: Kaliningrad – als Hauptstadt) sind die Wölfe nie ganz verschwunden. Was uns Deutsche nichts mehr angeht. Die Oberlausitz, Keimzelle der neuen deutschen Wolfspopulation, ist schließlich der westliche Zipfel des ehemalig preußischen Niederschlesiens, das heute zu größten Teilen in Polen liegt, mit Breslau als Hauptstadt. »Letzte Wölfe« haben deshalb immer auch mit deutscher Geschichte zu tun.

Lassen wir doch einfach beiseite, ob die »Tigerin von Sabrodt« die Letzte ihrer Art war. Eigentlich sind die zahlreichen Vorgänger genauso interessant. Und es gibt jede Menge davon. In fast jeder Region, jedem Fürstentum, jeder Grafschaft findet sich ein Lokalhistoriker, der eine finale historische Jagd auf den regionalen Letztwolf beschrieben hat. Im heroischen, so preußisch-maskulinen 19. Jahrhundert (und auch später noch im 20.) wurden überall im Land »Wolfsdenkmäler« errichtet, sehr oft geschah das erst Jahrzehnte nach dem Abschuss.

Eine sehr aufschlussreiche zeitgenössische Beschreibung einer solchen historischen Wolfsjagd ist aus dem Nordhessischen überliefert. Über das dazugehörige Denkmal kann man im Internet lesen: »Der Melsunger Wolfsstein ist ein waidmännisches Denkmal im

Stadtwald von Melsungen im nordhessischen Schwalm-Eder-Kreis, in einem beliebten mischbewaldeten Wander- und Nordic-Walking-Gebiet.« Am 18. November 1805 wurde hier der letzte freilebende Wolf Hessens erlegt. Schütze war passenderweise ein »Rittmeister von Wolff«. Ein Dreivierteljahr später pflanzte man stolz ein frühklassizistisches Sandsteindenkmal auf:

»Den 18te No. 1805 ist hier ein Wolff gescho vom Rit. v Wolff«.

Der örtliche Oberförster Heinrich-Wilhelm Grau, in dessen Revier die Jagd stattfand, bekam später von der Kurfürstlichen Oberrentkammer ein »Douceur«, eine süße Anerkennung von 10 Reichstalern, für die erfolgreiche Hatz zugesprochen. Das hatte er sich auch redlich verdient mit seinem wohlgesetzten Bericht an den nahen Kasseler Hof: »Am 18ten d. M. ließ ich die Reviere am sogenannten Kessel nach Wildpret und Füchsen treiben, wo dann am sogenannten Wändgen, so eine starke Dickung ist, vom Rittmeister George Friedrich von Wolff im Hochlöblichen Regiment Gensdarmes ein Wolf geschossen wurde. Er blieb nicht gleich nach dem Schuß liegen, aber ohngefähr 250 Schritt hiernach wurde er ganz todt gefunden. (...) Ich halte den Wolf noch für jung, und zwar aus dem Grunde, weil er noch sehr scharfe Zähne hat und seine Testickels sehr klein sind. Ich verhehle daher nicht, diesen Vorfall untertänig zu berichten, und habe die Gnade, mit tiefer Untertänigkeit lebenslang zu verharren ...«

Der Einweihung des Melsunger Wolfssteins ging
eine ausgeklügelte Prozession voraus, inklusive Mu-

sik, Gesang und Jägerschwur. So schritten »der Land-jägermeister von Hanstein und Herr Rittmeister von Bastineller, den Wolfsschützen Herrn Rittmeister von Wolff in der Mitte habend«, heißt es in der Beschreibung. Es sprach Rittmeister von Bastineller in der Laudatio, wie der Rittmeister von Wolff den Dank aller Landleute dieser Gegend erwarb: »Indem Sie des Namensvetters nicht schonten, dessen scharfen Zahn sonst noch manches Lämmchen dieser Flur zur Beute gedient haben würde«. Gedanken von Tiefgang und Dichte, wie man sie heute schwerlich in 140 Zeichen twittern könnte.

Auch in Niedersachsen, dem Kernland der modernen westdeutschen Wolfspopulation, und dem angrenzenden Sachsen-Anhalt gibt es viele bemerkenswerte Histörchen um längst vergangene Wolfsjagden. So spürte man 1724 im südlichen Unterharz zwei Wölfen nach, die sich am Vieh der Bauern und dem Wild derer von Stolberg-Roßla gütlich taten. Eines der Tiere wurde im Kreis Sangerhausen geschossen, nördlich von Roßla in Sachsen-Anhalt. Weil das Tier eine Fähe war, bekam es laut einer Chronik eine Sonderbehandlung: Die Schützen »zogen ihm Weiberkleider an und hingen es an einem Galgen auf«. Auch hier wurde ein Denkmal errichtet, allerdings erst rund 100 Jahre später: »Unter der Regierung des Grafen Jost Christian zu Stolberg-Roßla wurde im Monat Januar 1724 der letzte Wolf allhier erlegt.«

Noch »letzter« war dann jener Harzwolf, der vom Grafen Ferdinand zu Stolberg-Wernigerode im Jahr

1798 erlegt wurde. Hier ließ man zur Freude über die Austilgung gleich einen ganzen Berg umbenennen: Der Pfortenberg, Schauplatz der Jagd, hieß nunmehr »Wolfsberg«. Zur Feier der erfolgreichen Jagd auf das dann so titulierte »Ungeheuer« traten 16 junge als Schäferinnen gekleidete Mädchen vor den Grafen und überreichten ihm je ein Lämmchen. Eine herzige Szene muss das gewesen sein.

Und nach diesen letztlich-letzten Wölfen kamen immer wieder weitere. So auch in der niedersächsischen Göhrde, einer waldigen Landschaft zwischen Lüneburg und Salzwedel (die manchem noch durch die weiterhin unaufgeklärten spektakulären »Göhrde-Morde« aus den späten 1980er-Jahren bekannt ist). Hier richteten im Jahr 1850 zwei Wölfe große Schäden an. König Ernst August I. von Hannover – ein »Welfe«, also selbst ein Wolf – lobte je Tier eine Abschussprämie von stattlichen 100 Talern aus. Viel Geld war das und ein großer Anreiz, beide Wölfe wurden binnen eines Jahres geschossen.

Weitere Durchzügler kamen, immer wurden auch sie geschossen. So auch im Jahr 1872, als bei Becklingen in der Lüneburger Heide der Förster Grünewald ein Untier erlegte. 1929 wurde für diese mutige Tat ein weiterer Wolfsstein aufgepflanzt. Der Förster aber ließ sich schon beizeiten als Andenken aus diesem letzten Wolf einen hübschen Fußteppich fertigen.

· · · · ·

Wie sollte man diesen Umgang mit dem Wolf umschreiben: unverhältnismäßig? Vielleicht sogar hysterisch?

Er vermittelt auf jeden Fall ein starkes Ungleichgewicht zwischen den Möglichkeiten einer oder zweier Wölfe – und der Masse an Menschen, die aufgeboten werden, um das jeweilige Tier oder die Tiere zur Strecke zu bringen. Das Überreichen von Lämmchen lässt an das Opferlamm denken, es hat durchaus religöse Züge. Alles das wirkt so ganz und gar nicht rational.

Woher also kam der Groll? Und auch die schiere Energie, dem Übeltäter das Handwerk zu legen? Man denkt unwillkürlich an Hexenjagd. Der Wolf taugt eben zur Zielscheibe, er ist ein guter Sündenbock. Er steigert verlässlich das Bruttoemotionalprodukt, auch heute noch. Mindestens 250 Jahre lang schon ist die Hatz auf den Grauhund so grob unverhältnismäßig wie oben geschildert. Wenn man aber noch ein paar Jahrhunderte zurückblickt, finden sich doch einige Erklärungen für den so rätselhaft anmutenden großen Hass.

Bereits seit dem frühen Mittelalter wurden die Wölfe erbarmungslos verfolgt: Karl der Große erließ 813 ein Gesetz, demnach jeder Graf in seiner Region zwei Wolfsjäger zu bezahlen hatte: die Luparii. Karl hatte erkannt: Wollte er sein immer größer werdendes Einflussgebiet zusammenhalten, dann mussten vor allem die großen Überlandwege sicher gehalten werden, die Schlagadern des Fränkischen Reichs. Die Luparii, später »Louvetiers« genannt, haben sich gehalten, in Frankreich gibt es sie bis heute – als Ehrenamtliche, die zwischen Landwirtschaft und Jagd vermitteln, auffällige Tiere eliminieren und die Wildbestände überwachen.

• • • • •

Die Landwirtschaft breitete sich im Mittelalter seit Karl dem Großen massiv aus. Fast 500 Jahre lang war das Klima ungewöhnlich mild, begünstigte gute Ernten. Die Bevölkerung wuchs, damit auch ihr Bedarf an Nahrung, also auch der Bedarf an neuen Acker- und Weideflächen. Fast jeder Landstrich weist in seinen Ortsnamen typische Endungen für diese Zeit aus, in der Wälder gerodet und Moore trockengelegt wurden. Am Ende des 14. Jahrhunderts war Deutschland dann nur noch auf etwa einem Drittel seiner Fläche von Wald bedeckt. So verschwanden auch immer mehr passende Lebensräume für den Wolf. Und für seine Beutetiere. Stattdessen tat er sich am Vieh der Menschen gütlich. Wo der Adel jagte, in seinen Wäldern, verteidigte er das Wild mit Waffengewalt. Regelmäßig auch mit Hilfe der einfachen Leute, die gratis zum »Wolfsgang« antreten mussten, was beim Volk verhasst war. Wenn die Wölfe dann, aus den Wäldern gedrängt, das Vieh der Menschen angriffen, konnten sie, denen effektivere Waffen verwehrt waren, sich nur mit Forke und Dreschflegel wehren. Die Wölfe hatten natürlich schnell heraus, wo sie leichte Beute machen konnten. So wurden sie zu den wilden Räubern, die wir aus alten Überlieferungen kennen. Die aus dem tiefen Wald kommen, um Vieh und Menschen zu überfallen.

• • • • •

Und noch einen Grund gab es, dem Wolf dunkle Seiten zuzuschreiben. Denn in Kriegszeiten gab es neben Wild und Vieh noch eine weitere Nahrungsquelle für Wölfe: die Opfer von Schlachten und Hungersnöten. Das Aas der Leichen war leichte Beute. In solchen schlechten Zeiten, im Gefolge von Hunger und Krieg, marodierten Wölfe in Dörfern und Städten. Mitte des 15. Jahrhunderts kamen sie sogar bis nach Paris und sollen dort auch Menschen angegriffen haben. So tötete angeblich im Jahr 1439 in Paris das Rudel des legendären Wolfs »Courtaut« – »Stummelschwanz« – um die 40 Menschen. Die Räuber waren immer wieder durch Löcher in der Stadtmauer eingedrungen.

Der Leichenfraß stärkte nicht gerade den Leumund des grauen Räubers: »Viele Jahrhunderte lang war der Ruf ›Die Wölfe kommen‹ ein Schreckensruf«, schreibt Eckhard Fuhr in »Rückkehr der Wölfe«.

Die Mär vom Bösen Wolf ist also nicht völlig am Fell herbeigezogen, wie Naturschützer es uns gerne glauben machen. Das müsste eigentlich auch der NABU wissen, der als PR-Gag im Jahr 2011 Anzeige gegen die Brüder Grimm wegen der »üblen Verleumdung und wahrheitswidrigen Aufwiegelung gegen den Wolf« erstattete. Ihre Märchen seien antiquiert und rufschädigend, insbesondere eines: »Rotkäppchen ist schuld, dass die extrem scheuen Wölfe gemeinhin als angriffslustig und blutrünstig gelten«, kritisierte der NABU-Bundesgeschäftsführer Leif Miller.

In den Zeiten großer Kriege sind in Frankreich manche der Vorlagen für die grimmschen »Deutschen Volksmärchen« entstanden. Die beiden Wissenschaftler hatten sie Nachfahren hugenottischer Auswanderer abgelauscht. Die waren im 17. Jahrhundert vom Kasseler Landgrafen Karl nach Kassel gelockt worden.

Die Hugenotten, in ihrer Heimat eine blutig verfolgte, streng protestantische Minderheit, galten dem Kurhessischen Herrscher als fleißig und erfindungsreich. Sie sollten die Wirtschaft im Land voranbringen.

Volkskundler halten es nicht für unwahrscheinlich, dass die Wurzeln für das Märchen vom »Rotkäppchen« – dem »Petit Chaperon Rouge« – in eben jenen Zeiten gründen, als Wölfe noch Menschen auf dem Speisezettel hatten, sei es lebendig oder tot. Angeblich stammen erste Versionen schon aus dem 14. Jahrhundert, die französische Landbevölkerung soll sie sich erzählt haben.

• • • • •

Zurück im 20. Jahrhundert. Die uralte Regel, dass dem Krieg die Wölfe folgen, gilt auch im Jahr 1948. Gerade mal drei Jahre her ist es seit der Kapitulation, man schlägt sich im Ländchen zwischen Weser und Aller, zwischen Nienburg und dem Heidkreis, mehr schlecht als recht durch.

Schmalhans ist Küchenmeister, Lebensmittel bekommen die Menschen rationiert, »auf Karte«. Die britischen Besatzer sind pingelig, bei Verstößen drohen Strafen. Der Schwarzmarkt floriert zwar, doch die Bauern dürfen nicht schlachten: Ihr Vieh ist registriert, wird regelmäßig eingezogen. Fleisch gibt es deshalb fast überhaupt nicht zu essen.

Irgendwann ab Mai 1948 häufen sich Fälle, bei denen totes Vieh gefunden wird. Die Wundränder sind zumeist auffallend glatt und sauber. Das kann kein

Hund gewesen sein! Der Täter mit Zähnen scharf wie eine Messerschneide wird schon bald »Würger vom Lichtenmoor« genannt, nach der Heidegegend östlich von Nienburg.

Bald stirbt Vieh in großer Zahl, der Würger kommt förmlich ins Rasen. Er schlägt wieder und wieder zu, alles auf einer Fläche von nicht viel mehr als 30 Quadratkilometern. Nun geht die pure Angst um: Was, wenn die Bestie auch Menschen anfällt? Die entwaffneten deutschen Jäger bekommen von den Besatzern Waffen zugewiesen, später auch die Polizisten in der Gegend. Organisierte Jagden erbringen keine Beute, höchstens versehentlich erschossene streunende Hofhunde.

Eine weitere Meute heftet sich auf die Spur des mörderischen Phantoms: die Presse aus dem nahen Hannover. Nach dem Krieg versammelten sich hier die Redaktionen der wichtigsten deutschen Illustrierten, die Kollegen sind die Kriegsreportage noch gewöhnt:

»Der Würger ist überall. Heute im Osten, morgen im Westen. Einmal findet man sein Opfer zwanzig Meter vom Schlafzimmerfenster eines Bauern entfernt, ein anderes Mal vierhundert Meter vom ansitzenden Jäger. Mägde weigern sich, allein auf die Weiden zu gehen, die Bauern bewaffnen sich mit Knüppeln. Der Würger ist Herr der Lage.«

Die Menschen in Nienburg und Umgebung drehen nun völlig durch. Ein Bauer beobachtet einen Puma mit Jungen, der Tierpark Hagenbeck schickt bald aus Hamburg seine schärfste Waffe: den seinerzeit bekannten Großwildjäger Hein Oberjohann, Autor des Buches »Meine Tschadsee-Elefanten«.

Der ebenfalls herbeigeeilte SPIEGEL (Ausgabe 25/1948 vom 19.6.) berichtet: »Selbst die niedersächsischen Jäger mit den größten Bärten konnten sich nicht erinnern, jemals von einer Treibjagd mit soviel Leuten gehört zu haben. Und es war ihnen auch noch nie ein so ausgefallenes Tier vor die Flinte gelaufen wie das, auf das 1.200 Treiber und 80 Büchsenträger im Lichtenmoor nördlich Hannover Jagd machten.«

Der SPIEGEL kann dem Würgerdrama durchaus eine humorvolle Seite abgewinnen: »Hein Oberjohann hatte seine schiefe Nase, die ihm ein Gorilla in Aequatorial-Afrika einschlug, bald gestrichen voll von den widerspruchsvollen Zeugenaussagen der Melkmägde, Bauern, Flurhüter, Polizisten und Förster. Fest stand nur, daß 30 Rinder und 20 Schafe gerissen worden waren.«

Vier Tage und vier Nächte haut sich Großwildjäger Oberjohann im Lichtenmoor um die Ohren. Er vermutet nun, dass er einen Hund jagt, aber einen ganz raffinierten. Fangen soll er nur einen Dachs. Dann spricht Oberforstmeister Ernst-August Freiherr von Hammerstein vor einer einberufenen und erregten Bauern- und Jägerversammlung endlich den Verdacht aus: »Der Würger ist ein Wolf!«

Die Nachricht macht die Runde, ausgesetzt worden sei das Tier von Soldaten, die es aus Sibirien mitgebracht hätten, als Welpen. Am 13. Juni endlich wird zur größten gemeinschaftlichen Jagd geblasen, die Niedersachsen je erlebt hat: 1.500 Treiber, 70 Berufsjäger und jede Menge Amateure britischer und deutscher Herkunft stürzen sich ins Abenteuer. Geschossen wird aber zunächst nur ein ausgestopfter Löwe, den Reporter der »Hannoverschen Presse« heimlich aufgestellt hatten.

Noch in derselben Nacht sterben mitten im Jagdgelände zwei Rinder, die Sache wird immer unheimlicher. Ein Wolf als Erklärung reicht nicht mehr. Schon wird von einem Werwolf gesprochen. Was keiner ausspricht, aber insgeheim doch viele denken: Wahrscheinlich ist hier der Mensch dem Vieh ein Wolf! Denn der Würger bringt reichlich Fleisch auf den Tisch und in die Keller rund um das Lichtenmoor – ist ein Stück Vieh erst einmal tot, muss man es schließlich auch verwerten. Eigentlich profitieren alle von der Bestie. Um die 60 »gerissene« Rinder werden in dieser Zeit zu Wurst und Braten, auch soll es rund 100 Schafe getroffen haben.

Mit der Währungsreform Ende Juni, die den Schwarzmarkt überflüssig macht und den Hunger beendet, wird wie durch ein Wunder auch der Würger zahm. Zufall?

Am Freitag, dem 27. August 1948 dann schießt der Landwirt Hermann Gaatz auf einen grauen Schatten. Ein letztes Mal dürfen die Reporter aus dem Vollen schöpfen: »Lang ausgestreckt, mit weit aufgerissenem Rachen, lang heraushängender blutiger Zunge, dolchartigen, starken Fangzähnen, so lag der blutgierige, stolze, starke Räuber in einer kleinen

Mulde auf der blühenden Heide.« 1,70 Meter ist er lang, bei einer Schulterhöhe von 85 Zentimetern und einem Gewicht von 95 Pfund. Es handelte sich nach Ansicht von Experten um einen sechsjährigen Rüden von unbekannter Herkunft. Nie geklärt wurde, wie viele der Opfer tatsächlich auf sein Konto gingen und wie viele vom Menschen geschlachtet wurden. Aber es interessierte auch keinen mehr. Denn jetzt begannen ja die guten Zeiten.

. . . . .

Ähnliche Zutaten, aber einen nicht ganz so dramatischen Verlauf, wies die Jagd auf den »Würger von Ihlow« auf, der im Winter 1960/61 im brandenburgischen Fläming marodierte.

Die Leiterin der dortigen Oberförsterei Dahme erinnert sich im April 2009 in »Wölfe in Brandenburg – Eine Spurensuche im märkischen Sand«: »Ich war damals zehn Jahre alt und habe die ganze Aufregung und die Gerüchte über die wilde unbekannte Bestie live erlebt. Von entlaufenem Tiger, Leopard, großem Hund war die Rede bis zum Wolf. Als Kind hatte ich natürlich nach solchen Horrormeldungen tüchtige Angst, im Dunkeln rauszugehen.«

Der Ostwürger reißt Schafe und große Rinder. Hier wird als Experte der Direktor des Dresdner Zoos herangezogen. Er tippt ganz prosaisch sofort auf einen wildernden Hund oder eben einen Wolf. Doch schon bald sind keine Spekulationen mehr nötig: Am 24. März schießt ein örtlicher Landwirt das Tier im Mehlsdorfer

Busch, einer mit Schilf bestandenen Moorlandschaft. Der Schütze bekommt eine Urkunde und eine Prämie. Der Würger seinen Wolfsstein. Nach einem ausgelassen gefeierten »Wolfsball« ist dann auch die sozialistische Ordnung wiederhergestellt.

• • • • •

Der Blick auf Märchen und Mythen und auch der in die Geschichtsbücher zeigen: Die Angst vor dem Wolf ist uralt, seinen Nimbus als Gegner des Menschen erwarb er sich gründlich: als Viehdieb, als Leichenfledderer, als marodierender Eindringling. Über diese im Laufe der Jahrhunderte gewachsene Abneigung hinaus, die sich ja durchaus rational erklären lässt, hatte die Einstellung des Menschen gegenüber dem Wolf aber immer schon einen großen mythischen Mehrwert. Im germanischen Schöpfungsmythos, der »Edda«; auch in schamanischen Kulturen, als »Krafttier«; bei den Römern gar als Ammer der Stadtgründer Romulus und Remus. Doch darüber mehr in Kapitel 6.

Es wird langsam Sommer. Die ersten Wochen tobt Einauge vor der Höhle mit ihren Geschwistern herum, zieht immer größere Kreise. Regelmäßig kommt die Mutter vorbei und säugt die Kleinen. Doch bald ist Schluss damit, die Familie verlässt die Höhle und zieht um. Im Wald gibt es eine große Lichtung, die von nun an das Wohnzimmer der Wölfe wird. Anfangs bringen Fähe und Rüde noch Beute vorbei, später im Jahr geht das Rudel dann zum ersten Mal gemeinsam auf die Jagd und reißt ein junges Wildschwein.

Am Nachmittag des ersten Weihnachtstags 2015 läuft ein Mann tief in die »Gartower Tannen« im niedersächsischen Wendland hinein. Fast 6.000 Hektar groß ist das Waldgebiet, gut 10.000 Fußballplätze passen in die Fläche – es gibt nicht viele zusammenhängende Wälder dieser Größe in Deutschland. Anders als der Name erwarten lässt, bestimmen hochgewachsene Kiefern das Bild. Dazwischen leben Hirsche, Rehe und Wildschweine.

Dieser Winter ist mild, alle Tiere haben ein gutes Auskommen, weil es noch immer genügend Pflanzenkost zu knabbern gibt. Viel Wild lebt in den »Tannen«, manchmal hat man bei Spaziergängen das schwere Parfüm von Wildschweinen in der Nase, die irgendwo im Dickicht dösen.

20 Minuten lang ist der Mann schon in den Wald hineingelaufen, es wird schon merklich dunkel. Zeit, wieder umzudrehen, denkt der Mann, zurück zur alten Kate am Waldrand, wo er mit Frau, Tochter und Sohn wohnt.

Mitten im Lauf spürt der Jogger einen Kontakt an der rechten Hand. Er reißt sie nach vorn, dreht sich um, schreit laut, alles aus einem einzigen Reflex heraus – und sieht zwei Vierbeiner vor sich, groß wie Schäferhunde. Er tritt um sich, wirft mit Steinen und kleinen Ästen, mit allem, was er rasch in die Hände bekommt.

Der Mann spult in diesen Sekundenbruchteilen instinktiv ein tief in uns sitzendes Angst- und Abwehrprogramm ab: Die Amygdala, auch »Mandelkern« genannt, signalisiert dem Hypothalamus, der Zentrale unseres vegetativen Nervensystems: »Not am Mann, Adrenalin ausschütten!« Das Hormon ist das »Benzin der Angst«, es schaltet den Turbo in uns an. So wird der Körper wie aus dem Nichts heraus sehr viel leistungsfähiger und gleichzeitig auch unempfindlich gegen Schmerzen. Ein genial konstruiertes Notfallprogramm, um das Überleben in extremen Situationen zu sichern.

Extrem ist die Situation des Jogger an jenem Weihnachtstag durchaus. In den Gartower Tannen lebt schließlich das gleichnamige »Gartower Wolfsrudel«, eines von derzeit (Stand Sommer 2017) elf Rudeln in Niedersachsen. Mindestens zwei Wölfe sind hier im Mai 2015 zur Welt gekommen, das weiß der Jogger. Er hält die beiden Wegelagerer sofort für die beiden Jungtiere.

Der Spuk ist dann aber schnell vorbei. Mit zwei, drei Sprüngen sind die Angreifer im Unterholz verschwunden. Der Jogger kennt sich ein bisschen aus mit Wölfen: Der Nachwuchs sollte mit sieben Monaten schon fast völlig ausgewachsen sein. Der Jogger weiß auch, dass solche Jungspunde mitunter Schabernack treiben. Trotzdem sitzt der Schock noch tief in den Knochen, er läuft schnell nach Hause, »im Rekordtempo«, wie er mir erzählt, als ich ihn im Sommer 2016 auf seinem Hof besuche. Vermutlich braucht er

beim Zurücklaufen sein letztes Angst-Benzin auf. Zu

Hause versorgt er eine kleine Wunde am Daumen der Hand, an der er die Berührung spürte.

Der Mann ist ehemaliger Polizist, jetzt Biobauer, Ende 50, hager, hochgewachsen, »kein Schnacker«, wie man im Norden sagt. Er trägt die Haare lang unter einem geknüpften Piratentuch, auf seinem T-Shirt steht: »Wer die Wahrheit sagt, braucht ein schnelles Pferd.« Eben einer dieser aufrechten wendländischen »Ökos«, immer für die Natur, stets gegen die Atomkraft. Man kennt den Menschenschlag von Fernsehreportagen über die »Castor«-Transporte nach Gorleben. Das Endlager liegt ums Eck. Mitten in dieser schönen Natur, die manchmal ein wenig an Südschweden erinnert. Als »existenzielle Panik« schildert er mir seine Gefühle der ersten Sekunden nach der Berührung. Der Mann, er möchte namentlich nicht genannt werden, erinnert das Zusammentreffen im Nachhinein aber trotzdem nicht als bedrohlich. Eher als »spielerische Annäherung«, sagt er.

Tatsächlich war das Aufeinandertreffen eine historische Begegnung: nämlich der erste körperliche Kontakt zwischen einem lebenden wilden Wolf und einem Menschen auf deutschem Boden seit der Ausrottung der hiesigen Räuber gegen Ende des 19. Jahrhunderts.

Am Tag nach der Begegnung im Wald ruft der Landwirt den örtlichen Wolfsberater an. Wir haben ja schon erfahren: Ein Wolfsberater ist jemand, der unter anderem Menschen im Umgang mit Wölfen schult. In jedem niedersächsischen Landkreis gibt es mindestens zwei solcher Berater.

Sind die Wölfe noch nicht da, soll die Bevölkerung von den Beratern möglichst positiv auf die Rückkehr der Räuber eingestimmt werden. Sind die Wölfe dann endlich da, kümmern sich die Berater besonders um die Beobachtung und Dokumentation jeglicher wölfischer Lebenszeichen, eben um das Monitoring. Sie sammeln Hinweise aus der Bevölkerung, stellen Fotofallen auf, nehmen Kotproben für Gen-Analysen. Sie tupfen auch sterile Wattestäbchen in die frischen Wunden getöteter Nutztiere, meist sind es Schafe.

Das Bundesumweltministerium muss für seine Berichterstattung an die EU, die den Wolf und die weiteren Großräuber Luchs und Bär unter ihre Gesetzgebungs-Fittiche genommen hat, genau wissen, mit wie vielen Wölfen in Deutschland man es zu tun hat. Und auch, von wo die Tiere zugewandert sind.

Der Gartower Wolfsberater heißt Peter Burkhardt, ein großer, starker, bärtiger Mann Ende 40, der gerne ein rot-schwarz-kariertes Wollhemd trägt. Burkhardt ist Autor diverser Bücher rund um Natur und Jagen, er wohnt in einem abgelegenen alten Forsthaus mitten in den Gartower Tannen. Ich rufe ihn an, als Zeitungen im schrillen Tonfall über den Zwischenfall am Weihnachtstag berichten. Burkhardt ist seit 2009 offizieller Gartower Wolfsberater, erzählt er mir. Er musste aber bis zum Frühjahr 2011 auf Besuch von Canis lupus warten. Im Mai jenes Jahres wird eine mit einem Peilsender ausgestattete Jungwölfin, die aus einem Rudel in Sachsen-Anhalt stammt, im Kreis Lüchow-Dannenberg geortet. Im Herbst 2012 läuft ein Wolf nahe Gartow in eine Fotofalle. 2013 dann lässt sich erst ein Wolfspaar heimlich knipsen, später stehen sechs Welpen Modell. Im Jahr 2014 bringt die Gartower Wölfin sogar sieben Junge zur Welt, 2015 dann mindestens zwei. Wir haben sie eben beim Joggen (sehr vermutlich) kennengelernt.

Tief drin in den Gartower Tannen ziehen die Wolfseltern ihre Jungen auf. Kilometer von der nächsten Siedlung entfernt, liegt das wolfsfamiliäre Kernland im Wald, mit der Höhle mittendrin, vielleicht unter einem gestürzten Baum, in sandigem Boden. Erst kümmern sich beide Eltern intensiv um die Kleinen. Wenn sie etwa sechs bis neun Wochen alt sind, brauchen sie kein Dach mehr über dem Kopf. Ihre Mutter, die Fähe, trägt die Welpen einzeln, vorsichtig mit der Schnauze am Nacken gepackt, zum sogenannten »Rendezvousplatz«. Hier werden die Welpen in den kommenden Monaten vor allem von ihren größeren Geschwistern beaufsichtigt, während Vater und Mutter endlich wieder gemeinsam jagen können. Zu zweit sind ihre Chancen weitaus besser, größere Beute zu machen, was ja auch Sinn macht, weil der stetig wachsende Nachwuchs immer größere Mengen Futter verschlingt.

Peter Burkhardt und der Jogger treffen sich am zweiten Weihnachtstag, um einen Bericht aufzusetzen. Meldungen dieser Art sammelt die für das Monitoring in Niedersachsen zuständige Landesjägerschaft. Sie tut das im Auftrag des »Wolfsbüros« des Landesumweltministeriums, das seinen Sitz in Hannover hat. Im Wolfsbüro sitzen zu diesem Zeitpunkt vier ausgewachsene Wolfsbürokraten, sie sind zuständig für Aufklärungsarbeit und für Ausgleichszahlungen bei Überfällen auf Nutzvieh. Beim Wolfsbüro können Nutztierhalter auch Landesmittel zum Schutz ihrer Tiere beantragen (darüber mehr in Kapitel 8).

Beim Gespräch finden beide, der Jogger und der Wolfsberater, schnell heraus: Der Laufpfad des Mannes führte geradewegs über das Gelände des Wolfstreffpunkts, des Rendezvousplatzes der Gartower Wölfe.

»Hättest du mir ruhig mal erzählen können«, sagt der Jogger. »Ich musste da doch den Deckel draufhalten, damit nicht zu viele Wolfsverrückte in den Wald kommen«, antwortet Burkhardt.

Beide wollen keine große Sache aus dem historischen Zusammentreffen Wolf-Mensch machen. Sie halten die Kontaktaufnahme schließlich nur für die Flausen pubertierender Jungwölfe. Der Jogger trug wohl den verlockenden Geruch des Hirschbratens an seinen Händen, den er vor dem Loslaufen noch schnell präpariert hatte. Sollte das vielleicht die beiden Racker angelockt haben?

Burkhardt setzt einen kleinen Bericht auf, schickt ihn an die Landesjägerschaft. Und hört viele Tage nichts. Die Wochen gehen in Gartow ins Land. Dann meldet sich, Anfang Januar, das Wolfsbüro beim Jogger, schickt die Kreisveterinärin zu einem Interview vorbei. Dem Mann fällt auf, dass die Fragen fast immer in diese eine Richtung gehen: Hätten es nicht auch Hunde sein können?

Nun passiert wieder eine Zeit lang nichts. Schließlich platzt die Bombe, als »Focus online« schreibt: »Wolf fällt Jogger in Niedersachsen an!«

Peter Burkhardt zählt innerhalb von 24 Stunden 104 E-Mails und 97 Anrufe auf seiner Fritzbox. Einer kommt aus Finnland, der Mann kennt sogar Teile des Inhalts seines Berichts vom zweiten Weihnachtsfeiertag.

Es gibt da diese eine rote Linie, die wilde Wölfe in Deutschland (insbesondere mangels Anwesenheit) in den vergangenen rund 150 Jahren nicht überschritten haben: den direkten Kontakt zu einem Menschen. Die zuständigen Umweltministerien der Länder, das Bundesamt für Naturschutz, die Naturschutzverbände und auch die hiesigen Wolfsforscher hatten es seit der Rückkehr der Wölfe nach Deutschland wieder und wieder gesagt: Vom Wolf gehe für den Menschen keine Gefahr aus. Weil der Wolf nämlich »natürlich scheu« dem Menschen gegenüber sei. Der große Räuber hat, allem Rotkäppchen-Gerede zum Trotz, eine hohe Akzeptanz in der Bevölkerung. Vier von fünf Deutschen sind pro Wolf, behauptet eine Umfrage des Naturschutzbund (NABU) von 2015. Wölfe, die Jogger annagen, passen da nicht besonders gut ins Bild.

Noch am selben Tag, als sich im Internet die Nachricht vom »Wolfsangriff« verbreitet, gibt die zuständige Staatssekretärin im niedersächsischen Ministerium für Umwelt, Energie und Klimaschutz eine Pressekonferenz. Und wiegelt ab: »Wir sind zum Ergebnis gekommen: Das kann nicht sein!« Die rhetorische Form, mit der sie argumentiert, erinnert an die Katze, die sich selbst in den Schwanz beißt und dann eine Weile im Kreis herumläuft: Weil Wölfe sich Menschen nicht nähern, können es keine Wölfe sein. Wölfe würden nicht an menschlichen Händen schnüffeln, Hunde aber schon. Daher könnten es wohl nur Hunde gewesen sein, die den Jogger berührten. Verwirrend, oder?

Peter Burkhardt hat das Wolfsgebiet über einen längeren Zeitraum mit Fotofallen observiert, er unterstützte einen Wildbiologen bei seiner Bachelorarbeit, erzählt er: »Dafür haben wir über 12.000 Fotos analysiert. Auf keinem einzigem war ein Hund zu sehen.« Nie, wirklich nie, habe einer der Förster, ein Waldarbeiter oder er einen allein laufenden Hund so tief in den Tannen gesichtet. Und zwei schon gar nicht. Die Staatssekretärin verweist dann auch noch darauf, dass der Jogger die Tiere als schlank geschildert hatte – Wölfe dieses Alters seien aber noch ziemlich »rund und kuschelig«. Diese Aussage sei ungetrübt von jeglicher Sachkenntnis, ärgert sich der Wolfsberater: Zwar lasse das Winterfell die Grauhunde etwas korpulenter ausschauen. Von einem teddybärhaften Aussehen, wie es die Staatssekretärin suggerierte, könne allerdings keine Rede sein.

Worauf sich die Frage stellt: Welches Interesse hatte das Umweltministerium, den Gartower Zwischenfall so kleinzureden? Jogger wie Wolfsberater jedenfalls werden in Folge in den Kommentarspalten der Zeitungen und in den sozialen Netzwerken in die

Pfanne gehauen. Der Jogger wird wahlweise als Depp oder Lügner dargestellt. Über den Wolfsberater ist zu lesen, er müsse der Natur entnommen werden. »Hatespeech« nennt das heutzutage der Medienprofi.

Die Rückkehr der Wölfe ist für den Naturschutz und für die Politik ein Glücksfall, eine große Erfolgsgeschichte. Anders als andere Tierarten, die erst verschwunden waren, um dann wieder in teuren, oft viel weniger erfolgreichen Projekten wieder angesiedelt wurden, ist der Wolf ganz von allein zurück zu uns gekommen. Aber allen, die seinerzeit für den Wolf sprachen, war durchaus klar, dass unmittelbar nach der Rückkehr ein denkbar schlechter Zeitpunkt wäre, über mögliche zukünftige Nahkontakte mit den Tieren zu diskutieren. So suchten Behörden und Biologen nicht unbedingt den Dialog mit der betroffenen Bevölkerung. Es war eher eine Art Frontalunterricht, in dem die Rückkehr des Wolfs unterrichtet wurde. Auf der Tafel stand: »Der tut nix!« Und stets fiel das Wort von der »natürlichen Scheu« des Wolfs vor dem Menschen.

Gleichzeitig wussten alle es ja besser. Unter den Wolfsfreunden kursierten genügend Anekdoten, die das genaue Gegenteil belegten: von Wölfen in US-Nationalparks, die Mountainbikern hinterherrannten. Von italienischen »Spaghetti-Wölfen«, die Müllkippen auf der Suche nach Nahrung durchforsteten. Und von Grauhunden, die durch rumänische Dörfer liefen, aber höflich die Straßenseite wechselten, wenn ihnen ein Mensch entgegenkam.

»Natürliche Scheu« – das wäre nun keine Bezeichnung, die mir dazu als Erstes einfiel. Doch die deutschen Wölfe sollten unbedingt etwas Besonderes sein. Kernige Naturburschen. Kulturflüchter in einem Land des Kulturpessimismus, das Deutschland nun einmal ist. Sie sollten in den weiten Wäldern verschwinden und ein wildes, autonomes Leben führen, fern vom Menschen. Wären nun die beiden Tiere aus den Gartower Tannen wirklich Wölfe gewesen – dann würde die Argumentation von der »natürlichen Scheu« für die Public Relations der reibungslosen Rückkehr des Wolfs plötzlich eine ziemliche Lücke aufweisen. Dann nämlich würde das Verhältnis von Mensch und Wolf plötzlich unter zu viel Nähe leiden.

• • • • • •

Ich versuche, einmal in Ruhe darüber nachzudenken, ob die Wolfsforscher und -experten tatsächlich an die »natürliche Scheu« des Wolfs geglaubt haben. Oder ob es von vornherein ein scheinheiliges Argument gewesen ist, um dem Rückkehrer einen roten Teppich ausrollen zu können. Ich tendiere dazu, dass sie es wirklich glaubten. Vor allem: glauben wollten. Für jeden Naturfreund ist das Comeback schließlich eine große Sache, ganz klar:

WÖLFE!
IN!
DEUTSCHLAND!

Meine Generation, die der Babyboomer der 1960er-Jahrgänge, wuchs ja mit dem täglichen Angstschauer vor der Apokalypse auf: Atomkrieg, Waldsterben, Überbevölkerung. Oder auch (ich schwöre, dass es so war): »Die nächste Eiszeit kommt!« Der Lieblings-Aphorismus meiner Generation kam von einem Indianerhäuptling (frei erinnert und stark verkürzt): »Erst wenn der letzte Fisch gefangen, der letzte Baum gerodet ist, werdet ihr lernen, dass man Geld nicht essen kann!« Allen war klar, dass die Natur im Eimer ist. Das mündete nicht selten in solidem humanen Selbsthass: Begrabt die Menschheit an der Biegung des Flusses! Dann kamen die »Grünen«, stritten so lange für den Umweltschutz, bis er zum Mainstream wurde. Ich sage nur: Mülltrennung! Und plötzlich heißt es: »Die Wölfe sind wieder da!« Als Lohn aller Natur- und Umweltschutz-Mühen. Sensationell, oder?

Und doch sollte jedem, der begeistert war vom Comeback, klar gewesen sein, dass nicht alle von der Rückkehr eines Großraubtiers angetan sein würden. Das Gerede von der »natürlichen Scheu« des Wolfs ist in diesem Zusammenhang das »Der tut nichts« des Hundehalters, dessen vierbeiniger Liebling sich gerade mit aufgesperrtem Rachen einem Spaziergänger nähert.

Gefühlt gerade eben erst hat sich der Wolf in Niedersachsen etabliert. Da kommt der unverhoffte Nahkontakt von Gartow einfach nicht gelegen. Die offizielle Taktik, den Fall deshalb herunterzuspielen und dabei die Zeugen zu diskreditieren, finde ich, bei aller Sympathie für den Wolf, überhaupt nicht okay. Offensichtlich war man nur an einer bestimmten Wahrheit interessiert. Heute nennt man so etwas »alternative Fakten«. Diese Taktik hat anscheinend gegriffen. Eine kleine Umfrage bei Kollegen und Freunden ergibt, dass die meisten, die sich an den Vorfall erinnern, ihn genau so abgespeichert haben, wie es die ministerielle Geschichtsschreibung gerne hätte: Ein Jogger wird von Hunden belästigt, der Idiot hält sie aber fälschlicherweise für Wölfe.

Peter Burkhardt, der Wolfsberater, ärgert sich über den Verlauf der Geschehnisse noch heute schwarz. »Wir hatten alle Möglichkeiten, die Situation zu dramatisieren, wollten es aber nicht«, sagt er. Weder der Wolfsberater noch der Jogger hatten von einem »Angriff« gesprochen, sondern, im Gegenteil, den Kontakt als eher spielerisch geschildert. Die Landesregierung ärgert sich ebenfalls. Und will aus dem Gartower Vorfall Konsequenzen ziehen: Sie plant umgehend, den Wolfsberatern im Land einen »Verhaltenskodex« aufzuerlegen. Andere nennen so etwas auch »Maulkorberlass«.

Der Jogger von Gartow hat übrigens genau richtig reagiert, indem er den jungen Wölfen durch sein Verhalten deutlich signalisierte: So läuft es nicht! Haut ab! Ich bin kein Opfer! Das Dümmste, was man in einem solchen Fall tun kann, ist einfach wegzurennen – das könnte den Jagdinstinkt der Wölfe anstacheln. Experten raten stattdessen: Ruhig bleiben. Blickkontakt halten. Erst ansprechen, wenn das nicht wirkt, laut werden, auf den Wolf zugehen, eventuell wie der Jogger eine »Waffe« zur Hand nehmen oder mit Dingen werfen. Ein Rückzug sollte eher langsam und möglichst weiterhin mit Blick in die Augen des Wolfes vonstattengehen.

Ähnlich empfiehlt es übrigens schon der Gelehrte Konrad von Megenberg in der ersten Hälfte des 14. Jahrhunderts im »Buch der Natur«, wie im »Handwörterbuch des deutschen Aberglaubens« zu lesen ist: »Megenberg ratet an, rückwärts zu gehen, daß er (der Wolf, Anm. d. A.) einen ansehen muß, Steine zu werfen, denn den fürchtet er, weil er ihm eine Wunde macht, in der Würmer wachsen.« (Sachbücher waren damals noch nicht so lesefreundlich geschrieben wie heute.)

Allen, die sich in einer brenzligen Wolfs-Situation kein abgeklärtes Vorgehen zutrauen, sei eine Erkenntnis mit auf den Weg gegeben, die in Kapitel 11 ausführlich begründet wird: Die Wahrscheinlichkeit, in Deutschland Opfer eines wilden Wolfs zu werden, ist so gering, dass sie gegen null tendiert. Also ungefähr so, als würde man vom Blitz getroffen, während man gerade an einem Zeckenstich stirbt.

EINAUGES GESCHICHTE 5

Wieder ist es Mai, ein Jahr später. Einauge und ihre Geschwister sind schon längst so groß wie ihre Mutter. Die bringt in diesem Jahr zwei weitere Welpen zur Welt. Dieses Mal bekommt sie Unterstützung bei der Aufzucht: Die Jährlinge bleiben bei den Welpen, während sie auf die Jagd geht. Manchmal allein, selten auch mit dem Rüden zusammen.

DAS LEBEN DER ZÄRTLICHEN KRIEGER: 5
Wolfsein als Familien-Business

Ich sitze auf einer Holzbank im Wolfscenter Dörverden und blicke auf das »Wolfsgehege 2«. Birken stehen dort und Kiefern, auf sandigem Grund. Den Zaun versuche ich wegzumeditieren, nur das Stückchen Wald dahinter zu sehen, mit einer kleinen Senke in der Mitte. Erinnert tatsächlich ein wenig an jenen Ort aus dem ersten Kapitel mit dem Gedenkstein an die neuen deutschen Wölfe.

Drei, vier, fünf Minuten passiert nichts, und weil gerade auch keine der im Zweistundentakt angebotenen Führungen an mir vorüberströmt, bin ich für einen Moment völlig allein auf dieser Welt. Abgesehen vom Stinkmorchel, der irgendwo im Unterholz steht und ausdünstet.

Doch da, hinten links, bewegt sich jetzt etwas! Zuerst sehe ich nur einen weißen Flecken im Grün. Es ist der untere, hellere Teil der prägnanten Gesichtsmaske des Wolfs, der den Leisetreter verrät. Im schnellen Schritt kommt er auf mich zu, Pfote elegant vor Pfote gesetzt. Der Wolf biegt ab, läuft einmal von links nach rechts durchs Bild, parallel zum Zaun (den ich doch ausblenden wollte ...). Schön sieht das aus, wie das Tier dort entlangtrabt. Irgendwie erhaben. Aber auch ziemlich entschlossen, als folgte es einem Plan.

Der Wolf hat das Energiesparen quasi zur Kunstform erhoben, das sieht man allein an dieser Art der

Fortbewegung, die von Experten »schnürender Trab« genannt wird, weil die Abdrücke in völlig gerader Linie aufeinander folgen. Wölfe machen keine Umwege, wenn sie von A nach B wollen, sie folgen der kürzesten Strecke. Im Gegensatz zu ihren Verwandten, unseren Hunden, die sich alle paar Sekunden für eine neue Richtung entscheiden und wie Kinder durch die Welt laufen. Wölfe haben ihre Gangart so sehr perfektioniert, dass sie mit der leicht kleineren Hinterpfote in den Abdruck der Vorderpfote treten. So ergibt sich der Energieverlust beim Treten auf weicheren Grund nur einmal. Auf ein Wolfsleben hochgerechnet mag das eine Ersparnis von einigen Rehen ergeben. Und wenn ein ganzes Rudel mal zusammen losschnürt, passiert es nicht selten, dass alle Individuen eine gemeinsame Spur nutzen.

Die drei Exemplare, die ich im Laufe einer Stunde zu sehen bekomme, sind im Gegensatz zu vielen anderen Gehegewölfen hier im Wolfscenter und anderswo nicht per Hand (und Flasche) aufgezogene Tiere. Solche Flaschenkinder nämlich kommen immer gleich betteln, zeigen sich zumindest freundlich distanziert. Wölfe, die in Gefangenschaft, aber doch unter ihresgleichen aufgewachsen sind, verhalten sich eher reserviert, scheuen den direkten Blick. Sie ergreifen aber auch nicht sofort die Flucht, sobald sie etwas Menschenähnliches erblicken.

Zu seinen besten Zeiten, also vor der Ausrottung in weiten Gebieten, besiedelte der Wolf die gesamte Nordhalbkugel der Erde, die Polarregion einmal ausgelassen. Das verdankt er seiner enormen Anpassungsfähigkeit und Flexibilität. Bei den Olympischen Evolutionsspielen läge er, wenn die Menschheit disqualifiziert wäre (zum Beispiel wegen Dopings), in der Disziplin »Großsäuger« auf Platz eins. Seine beiden wichtigsten Ansprüche an das Leben habe ich ja schon beschrieben: ein ruhiges und sicheres Kinderzimmer und ausreichend zu essen für die Familie mit dem Nachwuchs aus zwei Jahren. Alles andere – Wald oder Wüste, Steppe oder Sumpf, Gebirge oder Flussniederung, 50 Grad Celsius heiß oder minus 50 Grad kalt – ist ihm herzlich egal.

Wenn wir vom Wolf reden, meinen wir meistens unseren Europäischen Grauwolf (Canis lupus lupus). Es gibt aber weltweit eine ganze Reihe von Unterarten, als passende Antworten auf die sehr unterschiedlichen Lebensbedingungen, von der Wüste bis zum Permafrost. Solche Unterarten im Tierreich bieten Forschern die Möglichkeit, sich mit der Entdeckung einer ebensolchen zu verewigen. Das führt nicht selten zu einer Inflation von beschriebenen Unterarten einer Tierart. Bis sich jemand hinsetzt, alles ordentlich unter die (genetische) Lupe nimmt und die jeweilige Arten-Belegschaft wieder zusammenstreicht.

Dem Wolf ordneten eifrige Forscher bereits mehr als zwei Dutzend Unterarten zu. Im Moment gibt es einen ziemlich weitgehenden Konsens, der sechzehn Unterarten umfasst. Wovon drei allerdings ausgestorben sind.

Wie wird man eine Unterart? Man begibt sich auf Reisen, siedelt sich anderswo an, trifft auf neue Umweltbegebenheiten, passt sich diesen an. Man ändert nach dem vorliegenden Angebot seine Fressgewohnheiten, jagt größere oder kleinere Beute, je nach Angebot. Der Körperbau formt sich um: Je nördlicher das Tier zieht, desto besser geht es ihm, wenn es an Größe zulegt. Dann wächst das Volumen im Verhältnis zur Oberfläche – der Körper strahlt also weniger Wärme ab. So werden die Verwandten unseres Grauwolfs zum Norden hin immer größer und gen Süden immer kleiner. Deshalb sieht ein Wolf auf der Sinai-Halbinsel deutlich spirreliger aus als ein Kollege aus der russischen Tundra. Der Arabische Wolf wiegt 20 Kilogramm bei 80 Zentimetern Länge, der Tundrawolf bis zu 80 kg bei bis zu zwei Metern Länge – also vier Wölfe zum Preis von einem, was das Körpergewicht betrifft.

Noch ein bisschen Taxonomie gefällig? Die Lehre von der Klassifikation der Lebewesen wollte mir mein Biologielehrer Herr Lehmann (standesgemäß in Cordhose und Karohemd) beibringen, wofür ich mich jetzt bedanke, weil ich sie endlich sinnvoll anwenden kann. Es reiht sich, vom Allgemeinen hin zum Speziellen: Klasse – Ordnung – Familie – Gattung – Art. Das entspricht im folgenden Vergleich der Reihung: Stadt – Stadtteil – Straße – Haus – Zimmer. In der Stadt wohnen alle Säugetiere, im Stadtteil alle Raubtiere. In der Straße kommen die Hundeartigen zusammen – also auch Füchse und Kojoten. Im Haus haben sich die der Gattung Canis Zugehörigen versammelt, nämlich Wölfe und Schakale. Darin bewohnt jede Art ein Zimmer. Die Unterarten

stellen sich dann trennende Paravents auf oder versuchen, den Raum zum Beispiel mit einem mitten hinein
gestellten Kleiderschrank oder einem Bücherregal zu
strukturieren.

Allein in Europa und Asien gibt es neun Unterarten.
Die Logik in der Benennung von Arten funktioniert
folgendermaßen: Als Vorname wird die Gattung auf-
gestellt, als Nachname die der Art: Canis lupus. Der
dritte Name, falls nötig, bestimmt dann die Unterart.
Der Vollständlichkeit halber zähle ich sie auf, sonst gibt
es noch Vorwürfe: Ägyptischer Wolf (Canis lupus lupas-
ter), Arabischer Wolf (Canis lupus arabs), Europäischer/
Eurasischer Grauwolf (Canis lupus lupus), Italienischer
Wolf (Canis lupus italicus), Kaspischer/Kaukasischer
Wolf (Canis lupus cubanensis), Pallipeswolf/Indischer
Wolf (Canis lupus pallipes), Russischer/Sibirischer
Wolf (Canis lupus communis), Steppenwolf (Canis lu-
pus campestris) und Tundrawolf (Canis lupus albus).
In Nordamerika treiben sich vier weitere Unterarten
herum: Polarwolf/Arktischer Wolf (Canis lupus arctos),
Mexikanischer Wolf (Canis lupus baileyi), Timberwolf
(Canis lupus lycaon), Rocky Mountain Wolf/Mackenzie
Valley Wolf (Canis lupus occidentalis). Ausgestorben
sind die beiden japanischen Vertreter Hokkaido Wolf
(Canis lupus hattai) und Honshu-Wolf (Canis lupus
hodophilax). In Nordamerika verschwunden ist der
Büffelwolf (Canis lupus nubilus).

Da die Angehörigen einer Unterart ja einer gemeinsamen Art angehören, können sie sich untereinander

fortpflanzen. Was mich darauf bringt, dass ich eine Unterart vergessen habe: den Haushund Canis lupus familiaris. Der kann, vom Tea-Cup-Pudel der Paris Hilton bis zum Irischen Wolfshund, tatsächlich Nachwuchs mit dem Wolf zeugen. Pudel-Wolf-Nachwuchs, der zu Forschungszwecken herangezüchtet wurde, ist übrigens als Kreatur namens Puwo in die Geschichte eingegangen. Es gab auch Wopus, mit einem Wo als erster Silbe, weil der Vater ein Wolf war.

In meiner Bürogemeinschaft in Hamburg St. Pauli leben gleich drei Hunde, die unterschiedlicher nicht sein könnten. Das geht los beim kleinen Wischmob Björk, einer »Tibetanischen Tempelhündin«, über die Langhaarcollie-Dame Laika (nach der ersten Hündin im All) bis zu Lenny, einer sympathischen, aber hochneurotischen Straßengrabenmischung. Björk setzt sich immer gerne leise und heimlich dorthin, wo man im nächsten Moment auftreten will. Laika hat die Angewohnheit, mir ihre Schnauze in die Kniekehle zu drücken. Womit sie andeutet, dass sie mich für ein Schaf hält, das zurück zu Herde gehört. Lenny hingegen führt gerne laut jaulend Veitstänze auf, wenn jemand das Büro betritt oder verlässt. Was sich bei einer Belegschaft von neun Personen hin und wieder ergibt. Alle drei haben aber die Eigenschaft, sich am liebsten auf dem Perserteppich unter meinem Schreibtisch zu kratzen. Und ebendort auch ihre Lebensmittel abzulegen. Warum erzähle ich das? Um zu sagen: Eigentlich kann ich es nicht glauben, dass die drei (und die meisten anderen Hunde) irgendetwas Wölfisches in sich haben.

Mir selbst geht die Faszination für Hunde ganz allgemein ein wenig ab, wie Sie bestimmt gemerkt haben. Ich kann deren Haltung in der Stadt nichts abgewinnen, und das hängt nicht nur mit stinkenden Tretminen zusammen. Deshalb bin ich wohl auch eine Fehlbesetzung, um voller Engagement über deren verwandtschaftliches Verhältnis zum Wolf zu schreiben. Was aber der bekannte österreichische Wolfsforscher Kurt Kotrschal vom »Wolf Science Centre« im österreichischen Ernstbrunn in aller Breite und wissenschaftlicher Tiefe getan hat. Ich möchte daher in diesem Zusammenhang auf sein Buch »Wolf – Hund – Mensch« verweisen.

· · · · ·

Die meisten Leute werden sowieso eher an dieser Frage interessiert sein: Woran erkenne ich überhaupt einen Wolf? Da fangen wir am besten ganz klein an: Wahrscheinlicher, als ein echtes Zusammentreffen zu erleben, ist es doch, auf Spuren oder Kothaufen der Grauhunde zu stoßen. Weil Wölfe – und auch Wildarten wie Reh und Hirsch – sich gerne ohne großen Widerstand fortbewegen, wissen sie befestigten Untergrund durchaus zu schätzen. Deshalb findet man in Wolfsregionen gerade auf Wald- und Feldwegen mit schöner Regelmäßigkeit sowohl Pfotenabdrücke als auch Wolfslosung. Man muss sich also nicht durchs Dickicht drücken, wenn man auf Wolfsspurensuche ist. Das Gegenteil ist der Fall.

Ein erwachsener Wolf hinterlässt typischerweise einen Abdruck von mindestens acht Zentimetern

Länge, dieser wird zum Vergleich immer ohne Krallen gemessen. Der Abdruck ist länglich und von ovaler Form, die vier Krallen erkennt man gut. Leider kann man einzelne Abdrücke nicht eindeutig Wolf oder Hund zuordnen, es gibt zu viele Hunde mit ähnlichen und gleich großen Pfoten, die durch die Gegend rennen. Ein deutlicher Hinweis auf Wolf ist vor allem die in gerader Richtung verlaufende Spur. Für die offizielle Bestätigung eines Wolfes fordern die in Deutschland angewandten sehr strengen Monitoring-Bestimmungen eine Spurenlänge von 100 Metern. Die einzelnen Abdrücke sind dann rund einen halben Meter voneinander entfernt. Guten Spurenlesern reicht aber oft schon ein Abdruck, um den Wolf zu erkennen: wenn im Abdruck ein zweiter, etwas kleinerer zu sehen ist, wie ein verwischtes Foto oder eine Doppelbelichtung mit leicht verschobenen Einzelbildern. Weil ja – wie schon gesagt – der Wolf mit seiner etwas kleineren Hinterpfote ziemlich genau in den Abdruck der Vorderpfote hineintritt. Bei Hunden sind die Abdrücke von Vor- und Hinterpfote fast immer leicht seitlich versetzt. Im schnürenden Trab läuft der Wolf acht bis zehn Kilometer in der Stunde. Im gestreckten Galopp aber erreicht er Spitzengeschwindigkeiten von 60 km/h.

• • • • •

In meiner Kindheit und Jugend war der deutsche Schäferhund namens »Harro« oder »Hasso«, geführt von einem Khaki tragenden, verbissen dreinschauenden Mittfünfziger, ein weit verbreitetes Phänomen. Jeder wusste: So ein Hund beißt gerne mal zu. Auf Fahrradtouren meiner Kindheit bin ich mehr als einmal an Hundetrainingsplätzen vorbeigekommen und durfte dann mit anschauen, wie so ein »German Shepherd« sich in einen mit Dämmmaterial umwickelten grotesk aussehenden Angreifer verbiss.

Im Vergleich zu Harro und Hasso ist ein Wolf viel weniger kantig, was im Sommerfell besonders deutlich zu sehen ist. Dafür kommt ein Wolf wesentlich hochbeiniger daher. Er hat einen geraden Rücken, der beim Schäferhund zum Hinterteil abfällt, weil das meistens den Zuchtrichtlinien entspricht (und das, obwohl das zu Problemen mit der Wirbelsäule führt). Während Hunde ja ständig mit ihrem Schwanz wedeln, um ihren Emotionen Ausdruck zu verleihen, wirkt der Staubwedel beim Wolf, als würde er gar nicht so richtig dazugehören. Meist hängt er einfach in gerader Linie herunter und sieht dabei etwas buschig aus.

Unsere Grauwölfe besitzen, damit sie ihrem Namen genügen, ein vorwiegend graues Fell, das aber verschiedene farbige Einschläge haben kann: einen gelblichen, rötlichen oder braunen. Die Unterseiten der Schnauze und die Kehle sind heller, die Rückseiten der Ohren rötlich. Das Rückenfell trägt häufig einen schwarzen Sattelfleck. Schwarz sind oft auch die Schwanzspitze und die Vorderseiten der Beine. Die Ohren sind kürzer als beim Schäferhund.

Ein DIN-Rüde wiegt meist über 40 Kilogramm, die Weibchen sind etwas kleiner und wiegen weniger. Die

Schulterhöhe unserer Wölfe liegt typischerweise bei 60 bis 90 cm, die Körperlänge (von der Nasenspitze bis zum Rumpfende gemessen) bis 120 cm. Mit sechs bis sieben Monaten sind Wölfe nahezu ausgewachsen, mit einem Jahr zur Gänze. Das alles habe ich nicht nachgemessen, sondern den zahlreichen offiziellen Broschüren entnommen. Die sich gerne einmal im Detail widersprechen. Aber wahrscheinlich haben ja alle, die dieses Buch lesen, auch schon einmal Wölfe in Zoo oder Tierpark gesehen.

Ein Problem gibt es beim Sehen und Erkennen von Wölfen: Die Faszination für den Wolf hat dazu geführt, dass Hundezüchter es sich zur Aufgabe gemacht haben, möglichst exakte optische Kopien von Wölfen heranzuziehen. Das gilt zum Beispiel für die »Tschechoslowakischen Wolfshunde«. Die wurden beim tschechoslowakischen Grenzschutz in den 1950er-Jahren gezüchtet, man war mit den bislang eingesetzten Deutschen Schäferhunden unzufrieden. Diese wurden mehrfach mit Wölfen aus den Karpaten verpaart, insgesamt waren vier männliche und weibliche Wölfe daran beteiligt. Vier Generationen lang nennt man die Enkel in solchen Fällen noch »Hybriden«, erst in der fünften Generation darf ein solcher Nachkomme dann Hund genannt werden. Die vier Generationen davor gelten noch als Wolf – und sind somit eigentlich streng geschützt.

In der Bewegung sind Wolfshunde, derer es rund 1.400 Stück in Deutschland geben soll, auch von echten Spezialisten nur sehr schwer vom Original zu unterscheiden. Das hat in der Vergangenheit schon einige

Male zu Verwechslungen geführt, bei denen Wolfshunde wilderten und die Taten Wölfen zugeschrieben wurden.

• • • • •

Wölfe sehen sehr gut, aber wie durch einen Blaufilter. Farben sind ihnen deshalb nicht von Bedeutung. Potenzielle Beutetiere nehmen sie in der Regel zuerst am Geruch wahr, angeblich sogar über Strecken von bis zu 2,5 Kilometern. Deshalb bewegen sich Wölfe auf der Jagd meist gegen den Wind. Was dann auch den Vorteil hat, dass die Beute, die selbst ein feines Näschen hat, den Wolf zuletzt riecht.

Das Gehör der Wölfe ist von feinster HiFi-Qualität. In den unteren Bereichen hören sie etwa wie ein Mensch, könnten zum Beispiel einen tiefen Basslauf bei einem Livekonzert so eben noch mitbekommen. Bei den hohen Frequenzen hängen sie uns aber um Längen ab. Je nachdem, wo man nachschaut, werden Werte von 26.000 bis zu 40.000 Hertz genannt. Ich bilde mir viel auf meine Ohren ein, aber beim Wolfshörtest im wirklich tollen Ausstellungsraum des Wolfscenters Dörverden bin ich altersgemäß nicht weit über 11.000 Hertz hinausgekommen – einem schon unangenehm schrillen, hauchdünnen Ton.

Es heißt, die Frequenzen über 20.000 Hertz würden zum Beispiel vom Blätterrauschen in Anspruch genommen. Ich stelle mir das sehr unheimlich vor, bei Wind im Wald alle Blätter zu hören. Nicht nur der Frequenzbereich ist top bei den Wölfen – sie hören ihresgleichen beim Heulen in unseren Breiten bei guten Bedingungen auch über Entfernungen von mehr als zehn Kilometer hinweg.

Das machen zum Beispiel Einzelwölfe, wenn sie auf Freiterspfoten unterwegs sind. In Gefangenschaft werden die Tiere manchmal schon ab neun Monaten geschlechtsreif, typischerweise ist das aber knapp vor Erreichen der Zweijahresgrenze der Fall. Es kann bei Weibchen auch länger dauern, wenn die Lebensumstände nicht optimal sind, zum Beispiel wenig Beutetiere im Revier vorhanden sind. Mit zehn bis elf Jahren ist dann Schluss mit Fortpflanzung. Wesentlich älter werden Wölfe in Freiheit auch nicht. Nur während eines engen Zeitfensters im Jahr, während der winterlichen Ranzzeit, ist die Fähe empfängnisbereit. Einmal Sex soll reichen, dafür wird der Vorgang der Samenübertragung – sicher ist sicher – durch Verschränkung der Genitalien für eine gute halbe Stunde abgesichert.

· · · · ·

Wölfe sind mehr so die Familientypen. Rüde und Fähe bleiben zusammen, bis der Tod sie scheidet. Eigentlich steht überall nachzulesen, Wölfe würden in Kleinfamilien leben. Tatsächlich besteht das klassische deutsche Wolfsrudel aus den Eltern und den Jungtieren zweier Jahre. Das sind dann in der Regel ungefähr acht bis zehn Tiere. Ich würde da schon eher von einer Großfamilie sprechen. Und bin mir sicher, dass jeder Wohnungsvermieter in meiner Heimatstadt Hamburg es genauso sieht.

Familie und Rudel sind also dasselbe. Das Rudel ist ein sehr gut funktionierendes Betriebsmodell, das allen Beteiligten eine Menge Vorteile bietet. Die Eltern bekommen bei der Aufzucht Unterstützung. Die ganz Kleinen stehen unter Aufsicht, wenn die Eltern jagen, und können sehr viel von ihren größeren Geschwistern lernen. Auch für die größeren Geschwister ist dieser Deal von Vorteil: Die bis zu zwei Jahre im elterlichen Betrieb sind eine wichtige Lehrzeit, um alle Kniffe der Jagd und des Überlebens allgemein beigebracht zu bekommen. Außerdem lernen sie schon wichtige Dinge darüber, wie man Jungwölfe aufzieht. Die Jährlinge, die Nachkommen des Vorjahrs, haben so als Zwischenglied im Generationenwechsel eine wichtige Funktion. Die Eltern machen, wenn die ganz Kleinen so weit sind, jeden Tag ihre langen Jagdausflüge. In dieser Zeit sind die Jungen auf sich allein gestellt. Die Jährlinge jobben dann als Babysitter und servieren ihren Geschwistern sogar manchmal Babybrei: hochgewürgtes vorverdautes Futter.

Meist 63 Tage dauert die Tragezeit der Fähe, die Welpen kommen in einem Bau zur Welt, der selbst gegraben wird, wenn sich keine passende natürliche Höhle findet. Nur die Mutter hält sich mit in diesem Bau auf. Nach zwei Wochen sind die Augen der Wolfswelpen gerade offen, jetzt beginnen sie mit ihrer Grundausbildung: gehen, kauen, knurren. Bald wackeln sie los auf Erkundungstour und strolchen ein wenig um den Bau herum. Mit fünf Wochen benötigen sie noch den Schutz der Höhle, spielen aber schon viel draußen. Sie werden bereits im Stehen gesäugt, bekommen vorverdautes Fleisch zugefüttert. Sie spielen nun viel miteinander, besonders Raufen. Nach etwa sieben Wochen ist Schluss mit Muttermilch. Sind die Kleinen zwei Monate alt, können sie schon richtig heulen und auch längere Strecken laufen – Zeit für den Umzug zum sogenannten Rendezvousplatz, jener zentralen Anlaufstelle des Rudels für den Sommer. Hier passen die Jährlinge erst noch auf die Kleinen auf, während die Eltern dem Nahrungserwerb nachgehen. Sind die jungen Wölfe ein halbes Jahr alt, haben sie fast schon ihre volle Größe erreicht. Jetzt verlassen auch sie den Rendezvousplatz, um die Jagd zu erlernen.

Das Rudel zieht nun gemeinsam umher, von Riss zu Riss. Mit zehn Monaten können die Jungwölfe selbstständig jagen und ihre Beute auch töten.

Kinder, wie die Zeit vergeht: Eben wart ihr noch so klein. Und jetzt reißt ihr schon einem Reh die Kehle auf!

• • • • •

Schon bemerkt: In dieses idyllisch-familiäre Gefüge passt kein Alphatier. Jahrzehntelang haben wir uns als Tierfilmkonsumenten daran gewöhnt, dass die Wölfe in einem knallhart durchhierarchisierten Gruppengebilde leben, in dem man nach oben buckelt und nach unten tritt. Darin erkannte sich der Deutsche der 80er- und 90er-Jahre wieder. Doch solche Beobachtungen wurden an Wolfsrudeln in Gehegen gemacht.

Auf engem Raum, in vergleichsweise großer Zahl, bei rationiertem Futter, verhalten sich Wölfe eben genau wie die Insassen eines Gefängnisses in jedem beliebigen Hollywood-Ausbrecherfilm: Da sitzt der böse Alpha-Glatzkopf mit den hässlichen Tattoos auch in einer Ecke der Ausgehfläche und hat alles im Griff.

Es ist schon auffällig, dass die flachen Hierarchien des Wolfsrudels von Seiten der Wolfsforscher immer wieder regelrecht lobend betont werden. Als wäre die Wolfsfamilie ein tolles soziales Start-up-Unternehmen (und der Rendezvousplatz ein cooler Coworking Space). Weniger oft wird erwähnt, dass Wolfsverbände zwar nach innen freundlich und solidarisch sind, aber nach außen durchaus fremdenfeindlich. Ins Territorium des Rudels gelangende Fremdlinge können auf keine Willkommenskultur hoffen.

Die Territorien der Rudel, es wird auch von Revieren gesprochen, sind in Deutschland meist um die 200 Quadratkilometer groß. Weltweit werden Größen von 50 bis 5.000 Quadratkilometer genannt. 200 Quadratkilometer, das klingt zunächst einmal sehr groß. Es entspricht dann aber doch nur einem Quadrat mit Seitenlängen von etwas mehr als 14 Kilometern. Und somit in etwa der Ausdehnung der Stadt Hannover. Die benötigte Fläche hängt vom Nahrungsangebot ab, also in der Regel dem Wild, und davon, mit wie viel Aufwand (und Energie) es bejagt werden muss, um alle satt zu machen. Es ist ein fein austariertes System, das auch die Größe der Würfe regelt. Die Wilddichten sind ja auch nicht immer gleich, sie hängen von deren Nahrungsangebot ab. So können von Jahr zu Jahr die genutzten Reviere einmal kleiner und dann wieder größer sein.

Wölfe markieren ihr gesamtes Territorium mit Kot und Urin, besonders intensiv an den Außengrenzen. Der stinkende Vorhang dient der nonverbalen Kommunikation. Die verbale Kommunikation, das Heulen, hat sehr verschiedene Funktionen: Es dient als Buschfunk während der Zeit am Rendezvousplatz, um sich schneller wiederzufinden. Es hilft auch bei der Partnersuche. Das Heulen sagt weiterhin: Bis hierher gehst du, fremder Wolf, aber nicht weiter! Es besteht angeblich aus »harmonischen Tönen«, habe ich gelesen. In meinen Ohren unterscheidet es sich nicht vom Klang des Dalmatiners Bela meines Freundes Henrik, der sein Herrchen begleitete, der einen Blues auf der Mundharmonika spielte. Was beides einigermaßen schief klang.

Wolfsmusiktheoretiker unterscheiden zwischen Soloheulen und Gruppenheulen. Jedes Tier und jedes Rudel soll seinen eigenen Sound haben, wie unterschiedliche Gesangsvereine mit ihren Solisten auch. Bei Menschen wie bei Wölfen gilt: Gemeinsames Singen verbindet! Frank Faß vom Wolfscenter in Dörverden meint beobachtet zu haben, dass in den Monaten August bis Oktober besonders viel geheult wird, also während der Zeit auf dem Rendezvous-Areal. Davor nicht, um den Aufenthaltsort der Welpen nicht zu verraten und damit die Jungen nicht zu gefährden. So ein Wolfskind kann nämlich durchaus als Fuchsnahrung dienen!

Womit wir vollends beim Thema Ernährung angekommen wären. Der Speiseplan des Wolfes hängt natürlich von den anwesenden Beutetieren ab. Er bevorzugt, wenn vorhanden, »Schalenwild«: also Hirsche, Rehe, Elche, Karibus, Rentiere, Bisons, Gämsen, Mufflon und Wildschweine. Er jagt auch kleinere Tiere wie Hasen, Kaninchen, in den Alpen Murmeltiere, auch Kleinnager wie Mäuse. Selbst Vögel, Reptilien, in Kanada auch Lachse gehören zum Spektrum, ebenfalls Insekten und auch Früchte.

Sperrt ein Wolf sein Maul ganz weit auf, sind die je sechs Schneidezähne oben und unten gut zu sehen, die besonders gut zum Abschaben von Fleischresten geeignet sind. Die vier dolchartigen Eckzähne, die bis zu knapp sechs cm lang werden können, wurden vom lieben Gott bei der Schöpfung des Räubers zum Packen und Halten der Beute bestimmt. Deshalb werden sie auch Fangzähne genannt. Wie eine Geflügelschere knacken und schneiden dann die dahinter gelegenen Reißzähne Knochen und Sehnen der Beute durch.

Kenntnis über die Zusammensetzung des wölfischen Speiseplans in Deutschland verdanken wir dem heldenhaften Einsatz jener kleinen, furchtlosen Forschergruppe der Filiale des Senckenberg Museums für Naturkunde in Görlitz in der Lausitz (die schon in Kapitel 2 ein paar Zeilen lang vorkamen). Auf ihren Labortischen sammelt sich, was die Wolfsberater oder sonstigen mit dem Monitoring betrauten Personen an Wolfslosung gesammelt haben. Erst wird die Kotpaste ausgewaschen, mit der die unverdaulichen Nahrungsbestandteile der Wolfsmahlzeit wieder aus dessen Verdauungsapparat herausgeschoben werden.

Jeder Knochen, jedes Härchen landet unter dem Mikroskop. Bis zum Jahr 2017 sind nun schon viele Tausend dieser Proben zustande gekommen, jede einzelne mit atemberaubendem Aroma.

Es gibt zwei wesentliche Ordnungskriterien, die Inhalte des Wolfskots aufzuzählen: Entweder man sagt, wie oft welche Bestandteile gefunden wurden – in einem Kothaufen können ja durchaus Bestandteile verschiedener Tierarten aufzufinden sein. Oder man unterscheidet die reine Masse der Beutetiere, die anhand der gefundenen Überreste mit komplizierten Formeln errechnet wird.

In der Untersuchung »Zur Nahrungsökologie der Wölfe (Canis lupus) in Deutschland« aus dem Jahr 2012, die allerdings ausschließlich Kot von Wölfen aus der Lausitz unter die Lupe nahm, kam Folgendes heraus: Etwas mehr als die Hälfte der vertilgten Beutemasse waren Rehe, ein Viertel Rothirsche, rund ein Sechstel Wildschweine. Hasen schlugen mit fast vier Prozent zu Buche, was auf Individuen bezogen gar nicht so wenig ist, weil Hasen ja nur um die vier Kilogramm wiegen, und Rehe mindestens viermal so viel. Interessant ist der Posten »Haustiere«, der 0,8 Prozent beträgt. Darin sind dann aber auch konsumierte Hühner und Hauskatzen vertreten, Schafe machen davon nur etwas mehr als die Hälfte aus.

Ein erwachsener wilder Wolf kaut und schluckt täglich etwa drei bis vier Kilogramm Fleisch (einer im Gehege nur etwa die Hälfte). Hochgerechnet auf ein Jahr entspricht dies ungefähr 60 Rehen. Bis zu zehn Kilogramm Fleisch kann eine einzelne Mahlzeit betragen, neun Liter Volumen fasst der Magen maximal. Dafür sind Fastentage auch kein Problem. Wölfe jagen nicht immer im Rudel, wie meist angenommen. Sie können Tiere bis zur Größe eines Hirschs auch alleine erledigen.

Beileibe nicht jede Jagd ist erfolgreich. David Mech, der bekannte amerikanische Wolfsforscher, hat für eine Studie 131-mal beobachtet, wie Wölfe Elche aufspürten. Nur in sechs Fällen endete das tödlich. Bei Rehen dürfte die Erfolgsquote allerdings wesentlich höher sein. Das Rudel wendet keine ausgefuchsten Jagdstrategien an oder führt besonders aufwendige Angriffs-Choreografien auf, wie es bei Löwen beobachtet wird. Da arbeiten die Schwestern eines Rudels zusammen, teilen zum Beispiel Gruppen von Beutetieren auf. Solch fein abgestimmtes Vorgehen will aber über längere Zeit erlernt werden. Und dafür ist bei Wolfs keine Zeit, weil ja die Jährlinge nach abgeschlossener Berufsausbildung recht bald das Weite suchen.

Rehe, Rothirsche und Schafe töten Wölfe meist mit einem gezielten Biss in die Kehle, dem sogenannten Drosselbiss. Größere Beutetiere, hierzulande also nur die Hirsche, werden auch seitlich und an den Beinen attackiert, damit sie erst einmal stürzen, bevor der Drosselbiss das Ende bringt. Was in freier Wildbahn so gut wie nicht vorkommt, aber bei Nutztieren häufiger beobachtet wird, ist das »Surplus killing«: Bei einem Angriff gibt es eine große Zahl von Opfern, die weder ein Wolf noch das ganze Rudel sinnvoll verwerten können. Ein für den Menschen sinnloser Tod, im Blutrausch herbeigeführt.

Es gibt unterschiedliche Erklärungsmodelle für dieses grausige Treiben. Am wahrscheinlichsten erscheint mir diese: Da solche Massenübergriffe meist auf umzäunten Weiden stattfinden, kommt das Raubtier nicht dazu, vom Jagd- und Tötungsmodus in den Fressmodus umzuschalten. Immer wieder aufs Neue appellieren die vor dem Wolf flüchtenden Tiere so an den Jagdinstinkt des Wolfes. Und der zieht das Ding durch, bis zum bitteren Ende.

Er ist dabei aber selbst nur ein Opfer der verhaltensbiologischen Umstände. Draußen, in der echten Natur, hätten sich die weiteren Schafe ja ziemlich weit aus dem Staub gemacht. Ökologen sprechen den Wolf daher von der Anklage des Massenmordes frei –weil er beim Surplus killing im Affekt handelt.

• • • • •

Nach dem Surplus killing ist es irgendwie auch an der Zeit, mal ein weiteres ganz heißes Eisen anzufassen: die Jagd. Neben den Schäfern haben Jäger die meisten direkten Konsequenzen der Wiederwolfsbesiedelung zu tragen. Zum Selbstverständnis vieler Anhänger der grünen Zunft gehört es ja, den prestigeträchtigen Platz des Spitzenprädatoren in der Nahrungspyramide eingenommen zu haben. Wobei sich die Vorlieben von Wölfen und Jägern, was die Fitness der Opfer betrifft, sehr unterscheiden. Wölfe suchen sich schwächere Beute, kranke oder nicht so fitte Tiere. Auch Jäger tun dies, schätzen aber auch die gute Trophäe des starken Rehbocks, der den Wölfen vielleicht entkommen wäre und so ein weiteres Mal die Möglichkeit gehabt hätte, seinen mit wertvollen Genen bestückten Samen in die Welt zu tragen.

Ökologen und Wolfsfreunde (ist das schon tautologisch?) betonen hingegen, dass Wölfe durch ihre Selektion von Schwachen und Kranken die Widerstandsfähigkeit der Beutetierpopulationen erhöhten. Sogar von »erhöhter Fitness« ist die Rede – als ob der Wolf ein Sportgerät wäre und der Wald das »Gym«. Viele Jäger, die plötzlich Wölfe im Revier haben, klagen darüber, das Wild würde sich anders verhalten, viel scheuer, in Gruppen zusammengedrängt. Vom Rückgang der Bestände ist die Rede.

Dazu habe ich mich mit der Biologin Dr. Britta Habbe unterhalten, seinerzeit »Wolfsbeauftragte« der Landesjägerschaft Niedersachsen. Die engagierte Jägerin erklärte mir, dass die Wölfe das Wild wohl nicht in so nennenswerter Zahl dezimierten, dass es ihre Kollegen wirklich schmerzen müsste. Tatsächlich würde aber ein Jagdrevier nach dem Auftritt der Wölfe »tüchtig durchgeschüttelt«, die Beutetiere würden aufmerksamer, auf einmal bestimmte Areale meiden, in denen ein Wolfsangriff wahrscheinlicher sei. So könne es durchaus passieren, dass Teile des Wildes von einem menschlichen Jagdrevier ins andere auswandern würden, weil es dort »sicherer« ist. Für den Menschen, der unter Umständen viel Geld für das jagdliche Nutzungsrecht zahlt, kann das dann manchmal schwer zu akzeptieren sein.

Bei meinem Treffen mit Britta Habbe (die jetzt für die Aktion »Fischotterschutz« arbeitet) besuchen wir auch einen Landwirt und Jäger bei Wietzendorf südlich von Munster. Er will eigentlich die Abwehrmaßnahmen an seinem Damwildgehege vorführen. Stattdessen kommt er fast ein bisschen ins Schwärmen über »seinen Wolf«, mit dem er jetzt das Revier teilt und den er mit schöner Regelmäßigkeit auf Pirschgängen beobachtet.

So wie ihn gibt es unter den Jägern auch eine nicht zu unterschätzende Gruppe, die den Wolf als »Mitjäger« betrachten und ihre Rolle im ökologischen Netz neu überdenken. Damit will ich nicht behaupten, dass jene Sorte Jäger ausgestorben ist, die sich als Krone der Schöpfung ansieht und Mensch wie Tier nach Gutdünken und Gutsherrenart behandelt. Aber ich bin guter Hoffnung, dass diese Unterart dereinst verschwinden wird.

Ein nicht geringer Teil der Jäger, und insbesondere die Funktionäre auf Bundes- und Länderebene, verwendet allerdings auch viel Energie darauf, schon bald die Jagd auf den Wolf zu ermöglichen. Damit beschäftige ich mich aber erst in Kapitel 12.

· · · · ·

Wie kriege ich jetzt die Kurve zur Genetik? Aber wo wir gerade davon sprechen: Kein Wildtier in Deutschland ist so detailliert im Fokus der Wissenschaft wie Canis lupus lupus. Was insbesondere daran liegt, dass zwischen der Senckenberg-Filiale in Görlitz und jener in Gelnhausen bei Frankfurt regelmäßig Autos mit Wolfslosungsproben verkehren. Die Proben landen dann beim Team von Dr. Carsten Nowak, dem Leiter der Naturschutzgenetik am Senckenberg-Forschungs-institut, eben in Gelnhausen. Dort wird seit 2010 an einem detaillierten Wolfskataster gearbeitet, vorher wurden die Untersuchungen bei polnischen Kollegen durchgeführt.

Die DNA isolieren die Forscher aus Darmzellen im Kot. So reicht ein frischer Wolfshaufen aus, um zum Beispiel bei einem irgendwo neu angesiedelten Wolf die genauen Verwandtschaftsverhältnisse zu ermit-teln und Wanderbewegungen nachzuvollziehen. Man kann also getrost vom »gläsernen Wolf« sprechen. Da-tenschutz gibt es im Wolfsland nicht, zumindest nicht für die eingeweihten Forscher. Der Stammbaum der deutschen Wölfe ist daher fast vollständig.

Die Gelnhausener bekommen auch Abstriche aus den Wunden der in Niedersachsen angegriffenen und getöteten Nutztiere. Dort DNA zu entdecken, ist die große Kunst. Das Probenmaterial muss so frisch sein, wie es eben geht, und ist oft schon nach einem Tag nicht mehr richtig zu gebrauchen. Nicht selten reicht der mangelnde Frischegrad gerade noch dafür, einen Wolf auszuschließen, manchmal kann nur der »Haplo-typ« festgestellt werden, nach dem die Herkunft aus einer bestimmten Population bestimmt wird, aber kein spezielles Individuum. Für die Feststellung eines ganz bestimmten Tieres ist eine kleine Serie immer genau-erer Untersuchungen nötig, die auch jeweils aufwendiger sind und mehr Geld kosten. So ein Bohren immer tiefer ins wölfische Erbgut dauert laut Carsten Nowak in der Regel maximal drei Wochen.

Die Gelnhausener Genetiker haben mit ihrer Forschung schon so manche paneuropäische Wolfswanderbewegung nachgewiesen. Denn wenn man sich mit den deutschen Wölfen befasst, darf man den Gesamtblick auf Europa nicht vergessen. Die Wölfe wären, wenn man sie ließe (und den Straßenverkehr vollends einstellen würde), die besten Europäer, die man sich vorstellen kann. Früher bevölkerten sie den gesamten Kontinent, auch die Britischen Inseln. Schaut man sich eine europäische Wolfskarte an (zum Beispiel hier: www.chwolf.org/woelfe-kennenlernen/verbreitung-lebensraeume), dann sieht man zunächst, dass es riesige weiße Flächen gibt, die Westdeutschland ebenso umfassen wie die Beneluxländer und fast ganz Frankreich mit Ausnahme des Südostens.

Es gibt eine ganze Reihe von europäischen Populationen unseres Grauwolfs, zehn Stück an der Zahl. Aber was ist eine Population überhaupt? Das Wort kommt vom lateinischen Populus für »Volk«, und das führt schon gleich auf die richtige Fährte. Es ist eine Gruppe von Individuen einer Art, die über eine längere Zeit gemeinsam ein bestimmtes Areal besiedeln und sich dort untereinander fortpflanzen. Der Begriff wurde vom dänischen Botaniker Wilhelm Ludwig Johannsen kurz nach 1900 zum ersten Mal vorgestellt. Dem Mann mit Harley-Davidson-Fahrer-Spitzbärtchen und einem klugen Blick hinter seiner Nickelbrille verdanken Gymnasiasten auch die Begriffe »Gen«, »Erbgut« und »Phänotyp«.

Die genannten zehn europäischen Populationen, von Portugal im Westen bis ins finnische Karelien an der Grenze zu Russland, entstehen vor allem durch die vom Menschen gerissenen Lücken zwischen den einzelnen Gruppen. Wären die Wölfe wieder einigermaßen flächendeckend über Europa verteilt, hätten die Biologen wohl größerer Schwierigkeiten, einzelne Populationen so genau zu benennen.

Besteht zwischen benachbarten Populationen regelmäßiger Austausch durch wandernde Tiere, so spricht man heute von Meta-Populationen. Was die offizielle Betrachtung Wolfseuropas betrifft, so verläuft deren östliche geografische Grenze größtenteils entlang der Außengrenze der NATO. So sind Russland, Weißrussland, die Ukraine und die Türkei draußen, aber mit zum Teil reichen Wolfsbeständen gesegnet.

Rauschen wir einmal wie der vorherrschende Wind aus dem Westen heran und schauen wir aus der Vogelperspektive auf den Wolfskontinent: Dann sehen wir zunächst zwei Populationen auf der Iberischen Halbinsel, die größere im Norden, sich über Portgual und Spanien erstreckend, und eine sehr kleine isolierte in der Sierra Morena. In Frankreich gibt es einen kleinen Tupfer auf der Karte in den Pyrenäen – diese Gruppe wird der größeren Alpenpopulation zugerechnet, die sich Frankreich, Italien und die Schweiz teilen.

Dieses Alpenvölkchen breitet sich langsam, aber sicher Richtung Mittelmeer aus, und östlich bis nach

Marseille. Während der jugendlichen Wanderzeit zieht es von dort, vor allem aus der Schweiz, aber auch immer wieder Exemplare nach Süddeutschland. Etablieren können hat sich bislang (Stand 2017) noch keine. Die italienische Population rutscht von der Toskana bis hinunter in die Stiefelspitze, mit größeren Vorkommen im Appenin und den Abruzzen, aber nie an den Küsten.

Entlang der östlichen Adria zieht sich bis nach Griechenland hinein die Balkan-Population, gefolgt von der größtenteils in Rumänien lebenden Karpaten-Population (das sind die Wölfe aus »Tanz der Vampire«, falls Sie den Film kennen).

Unsere deutschen Wölfe gehören mit den westpolnischen zur so benannten »Mitteleuropäischen Flachlandpopulation«. Die ostpolnischen Kollegen gesellen sich zur Baltischen Population. Bleiben noch die Karelische Population in Russland und Finnland und die Skandinavische Population, die Norwegen und Schweden gleichermaßen besiedelt.

Die baltischen Wölfe, von denen innerhalb der NATO-Grenze (also in Polen und dem Baltikum) mehrere Tausend Exemplare leben, dehnen ihr Volksgebiet weiter bis nach Russland, Weißrussland und in die Ukraine aus. Dort leben noch einmal geschätzte 20.000 Wölfe.

• • • • •

Schäfchen zählen ist einfach. Wölfe zählen ist ... nicht so einfach. Zumindest wenn es um die deutschen Grauhunde geht. Weil Wolfsfreunde und Wolfshasser ein vertieftes Interesse daran haben, dass die Zahlen entweder sehr niedrig (Freunde) oder sehr hoch (Hasser) liegen. Das hat etwas mit dem Schutzstatus des Wolfes zu tun. Dafür haben seelenlose Bürokraten den seltsam klingenden Begriff des »günstigen Erhaltungszustandes« erfunden. Von dem hängt ab, in welchem Anhang der europäischen Flora-Fauna-Habitatrichtlinie (FFH) sich ein geschütztes Tier befindet. Nämlich in Anhang 4 oder 5 (im Original in diesen unpraktischen römischen Zahlen, natürlich). In der 4 befindet sich der Wolf im Moment, er darf dort quasi noch nicht einmal schräg angeschaut werden. Bejagung ist dort nur unter stark eingeschränkten Ausnahmeregelungen möglich. In der 5 wäre dann eine geregelte Jagd denkbar, doch unter starken Einschränkungen, zum Beispiel eine geringe Quote, oder während eines sehr schmalen Zeitfensters.

Die Zahl von Individuen, die in ihrer Gesamtheit einen »günstigen Erhaltungszustand« aufweisen (und deshalb einen Umzug von Anhang 4 in Anhang 5 und damit eine regulierte Jagd rechtfertigen würden), ist Gegenstand von Diskussionen. In der Regel werden 1.000 erwachsene Individuen für eine Population genannt, bei der wegen ihrer geografischen Lage der Zuzug von Individuen aus anderen Populationen eher die Ausnahme als die Regel ist. Sind Populationen »durchlässiger«, reichen schon 250 ausgewachsene Tiere.

Beim Zählen fangen die Probleme an. Aus Sicht der Freunde der Wolfsbejagung ist die 1.000er-Grenze bereits erreicht, weil die Populationen der zentraleuropäischen Flachlandpopulation in Deutschland und Polen ja einen gemeinsamen Genpool darstellen. Um die magische 1.000 zu erreichen, wird deshalb jeder Wolf gezählt, der nicht bei drei auf dem Baum oder in der Höhle ist.

Die Wolfsfreunde wiederum zählen nur Wolfspaare, die Formel lautet also bekanntes Rudel mal zwei. So kommen sie 2015/2016 für Deutschland auf 124 Tiere. Zudem entdecken sie dann, in der Regel doch alle überzeugten Europäer, plötzlich den Sinn für Grenzen und sagen, die Polen könne man nicht mitzählen. Weil jedes Land ja seine eigenen nationalen Artenschutzgesetzgebungen habe. So differieren offizielle Wolfszahlen in der Wahrnehmung der Menschen nicht selten erheblich mit den doch inzwischen sehr häufig berichteten Wolfsbegegnungen.

In Kapitel 1 hatte ich den Bestand der tatsächlich in Deutschland lebenden Wölfe anhand des mir zur Verfügung stehenden (und damit schon veralteten) Zahlenmaterials vom Frühjahr 2017 auf rund 450 geschätzt. Die dabei genutzte Formel »Rudel x 9« stammt vom Wolfskenner Ulrich Wotschikowsky.

Doch offiziell sollen es im Gegensatz dazu nur etwas mehr als ein Viertel dieser Zahl sein.

Verstehen Sie mich bitte nicht falsch: Das ist kein Plädoyer für die Jagd auf Wölfe. Sondern ein Plädoyer für den offenen und ehrlichen Umgang mit Zahlen. Aber wenn die Wolfsfreunde mit dem »günstigen Erhaltungszustand« argumentieren, dann sollten sie nicht im Rahmen der Diskussion plötzlich die Richtwerte verschieben. Und stattdessen von vornherein klar und deutlich sagen: Wenn wir von 1.000 Tieren reden, meinen wir ausschließlich reproduzierende Elterntiere eines Rudels, keine geschlechtsreifen Zöglinge oder gar Welpen. Und das auch nur innerhalb der nationalen Grenzen und nicht bezogen auf eine Gesamtpopulation, die sich über Ländergrenzen erstreckt.

Der vorige Absatz ist genau das, was deutsche Chefredakteure in den 2000er-Jahren »unsexy« genannt haben, und manche verwenden den peinlichen Begriff noch heute. Er war das Killerargument, um eine Geschichte »aus dem Blatt zu kippen« oder sie gar nicht erst in Auftrag zu geben. Aber genau so ist das mit dem Wolf: Er besteht zu 5 Prozent Natur, zu 95 Prozent Bürokratie. Wirklich total unsexy, eigentlich.

Aber ohne die ganze Bürokratie und Gesetze nach Art der Flora-Fauna-Habitatrichtlinie würde der Großräuber weiterhin an Europas Zipfeln sein Tagewerk verrichten. Von einer Rückkehr des Wolfs würde niemand träumen. Ob nun gut oder schlecht.

EINAUGES GESCHICHTE 6

Auf ihren nächtlichen Jagdzügen mit ihren Geschwistern stößt Einauge eines Nachts auf einer Wiese neben einem Waldstück auf eine Gruppe von Tieren, die laut blöken, aber einfach stehen bleiben. Die Wölfe nähern sich, reißen eines der Schafe, wollen fressen, aber das Blöken hört nicht auf. Sie töten in dieser Nacht 27 Schafe.

Schwarz ist sein Angesicht, glühend der Blick. Der riesige Wolf hält die Erdkugel in seinem Fang, droht sie zu verschlingen. So stellt in Heft Nummer 27 des Jahres 2017 der Spiegel das weltumspannende Böse dar: nämlich die »Globalisierung außer Kontrolle«. Auf der Suche nach dem ultimativ Schrecklichen greift der Illustrator tief in die mythologische Gruselkiste – und zieht den Wolf namens Fenrir hervor.

Die Geschichte dieses Tieres wurde in alten isländischen Göttersagen beschrieben: Fenrirs Vater ist der Feuergott Loki, Obergott Odin der Opa, die Riesin Angrboda die Mutter. Illustre Geschwister hat der Wolf: die Gift versprühende Midgardschlange und Hel, die Todesgöttin. Fenrir wächst Tag für Tag. Bis er endlich so groß ist, dass seine aufgerissene Schnauze unten die Erde und oben den Mond zu berühren vermag.

Die Nornen, weissagende Schicksalsweiber, wissen nichts Gutes über Fenrir zu künden. Die Götter erkennen in ihm den ersten Problemwolf der Geschichte. Sie wollen ihn für immer in Haft nehmen. Das gelingt, mit einer Zauberfessel vom stärksten Werkstoff seiner Zeit, den findige Zwerge eigens entwickeln: aus Bärensehnen, Fischatem, Frauenbart, Vogelspeichel, den Wurzeln der Berge und dem Geräusch eines Katzentritts.

Der Problemwolf verschwindet in der Verbannung, nahe einer unwirtlichen Flussmündung an einen Fels gebunden. Fenrir heult dort Tag und Nacht, laut, bitter, und voller Zorn. So steht es jedenfalls in den beiden Eddas, in altisländischer Sprache verfassten Götter- und Heldensagen aus dem 13. Jahrhundert.

Bis Ragnarök kommt, das »Schicksal der Götter«, deutschen Kulturbeflissenen auch bekannt unter der Bezeichnung »Götterdämmerung«. Es ist eine verzwickte Handlung, die hier den Rahmen sprengt. An deren Ende aber Fenrir freikommt und seinen Großvater Odin verschlingt. Die alte Welt der Götter geht unter. Aber ein Menschenpaar überlebt und begründet ein neues Menschengeschlecht, in einer besseren Welt. Fenrir, der böse Dämon, hat somit den Menschen in schlechter Absicht etwas Gutes getan. Vielleicht deshalb findet er sich, allen üblen Eigenschaften zum Trotz, auf Platz 1.261 von www.baby-vornamen.de.

· · · · ·

Zugegeben, das alles ist ziemlich staubiger Kram. Aber diese alten Geschichten haben meiner Meinung nach viel mit unserer heutigen Einstellung zum Wolf zu tun. Sie zeigen schon sehr früh unsere gespaltene Einstellung gegenüber dem Tier. Die Eddas stammen zwar aus dem Mittelalter, gründen aber in den Zeiten der Germanen um das Jahr Null unserer Zeitrechnung. Manche Mythenforscher meinen sogar, noch viel weiter davor. Neben Fenrir schnüren noch viele andere Wölfe durch die nordischen Mythen, und alle haben sie wenig freundliche Namen: Hati, Skull, Geri und Freki – heißt: Hass, Trug, Gieriger und Gefräßiger.

In seinen Rollen in der Edda ist der Wolf zwar oft ein Schuft. Doch meist aus einem vorbestimmten Schicksal heraus, er kann eben nicht anders. Wenn er Böses tut, ist er deshalb noch nicht gleich böse. Vielleicht bewirkt er sogar, wie Fenrir, mit dem Bösen etwas zutiefst Gutes. Wohin man den alten Wolfsfährten auch folgt, ständig trifft man auf diese Gespaltenheit. Und beileibe nicht nur in den Eddas streunen Wölfe durch die mythischen Gefilde. Überall in Schöpfungsgeschichten, Göttererzählungen, Sagen und Volksglauben wimmelt es von ihnen.

Wenn zum Beispiel eine der zahlreichen Geliebten des griechischen Chefgotts Zeus, die mit Apollo und Artemis schwanger gehende Leto, sich in eine Wölfin verwandelt, um der ja zurecht eifersüchtigen Zeus-Gattin Hera zu entgehen. Auch Aphrodite, die Göttin der Liebe, tritt zuweilen in Wolfsform auf. Und Hekate, die Göttin des Zaubers und der Gespenster, lässt sich gelegentlich von drei Wölfen begleiten.

Rom ohne Wolf? Ist gar nicht vorstellbar, wenn man an die Wölfin denkt, an deren Gesäuge sich die späteren Stadtgründer Romulus und Remus labten. Der römische Kriegsgott Mars wurde ebenfalls durch den Wolf symbolisiert. In Ägypten war er dem Totengott Osiris zugeordnet. Bei den Kelten indes konnte sich die illustre Todesgöttin Morrigan wahlweise in eine Wölfin, eine Fuchsfrau, einen Aal oder eine sehr hübsche rothaarige Lady verwandeln. Auch die Turkvölker, die von der Türkei bis in die Mongolei und China verbreitet waren, sahen eine Wölfin als mythische Mutter an. In Japan gibt es die Geschichte vom sagenhaften Krieger Fujiwara no Hidehira, der von einer Wölfin aufgezogen wurde.

Seit 2017 reihen sich auch die Azteken in die Gruppe der Wolfsverehrer ein: Nahe Mexiko-Stadt entdeckten Archäologen einen vergrabenen Wolf in der Zeremonienstadt Tenochtitlan, dem erst das Herz aus dem Körper gerissen wurde, um ihn dann mit allerlei Goldgeschmeide beizusetzen. Wölfe (und Hunde) haben in der Mythenwelt der Azteken gefallene Krieger im Auftrag des Kriegsgotts Huitzilopochtli durch die Unterwelt geführt.

Fast allen Gruppen von Jägern und Sammlern, die sich in den vergangenen Jahrhunderten noch in naturreligiösen oder schamanischen Glaubenswelten bewegen, ist gemeinsam, dass sie den Wolf sehr schätzten. Ganz pragmatisch als guten Jäger, den man durchaus mal nachahmte, mit einem Wolfspelz bekleidet. Den man als jagenden »Bruder« sah. Und der gleichzeitig auch, spirituell aufgewertet, als Totemtier verehrt wurde.

• • • • •

Doch woher stammt wohl dieses Bedürfnis, den Wolf immer mit einzubeziehen, wenn es um göttliche Belange geht? Woher stammt diese geistige Nähe? Die

Antwort könnte sein: Unter allen Tieren, die uns

heute umgeben, verbindet uns mit keinem eine so lang andauernde Beziehungskiste. Wie mit einer Freundin, einem Freund, die man schon aus Kindergartenzeiten kennt. Die man mit allen ihren Stärken und Schwächen so gut kennt, dass man über Ungereimtheiten auch zärtlich hinwegsieht. Umso tiefer mag man es ihnen übel nehmen, wenn sie auf einmal Verhaltensweisen an den Tag legen, die man bisher noch gar nicht kannte.

Wo der Mensch war – da war auch immer schon der Wolf. Wölfe und Menschen sind nach Aussage des bekannten österreichischen Wolfsforschers Kurt Kotrschal (»Wolf – Hund – Mensch«) beide »Top-Beutegreifer, die mithilfe ihrer Anpassungsfähigkeit, ihrer Kooperationsbereitschaft und ihres klugen Köpfchens nahezu alle Lebensräume der Nordhemisphäre besiedelten«. So lebten nach Ansicht des Verhaltensforschers Wolf und Mensch seit Urzeiten in einer »ambivalenten ökologischen Nahebeziehung«. Diese beinhaltete, dass man sich gegenseitig bei der Jagd traf, die Reste des Mahls des anderen vertilgte, einander vielleicht auch die Beute abjagte.

Bereits in Afrika, von wo wir Menschen nach der deshalb so genannten »Out of Africa«-Theorie vor einigen Hunderttausend Jahren kamen, wird der frühe Mensch dem Wolf begegnet sein. Sehr aktuelle Forschungen aus dem Jahr 2015 belegen, dass es die Raubtiere nicht nur, wie bislang angenommen, entlang eines relativ schmalen Streifens an der nordafrikanischen Küste gegeben hat. Ein Hundeartiger, der bisher als »Afrikanischer Goldschakal« der nahe verwandten Schakalfamilie unter den Hundeartigen zugeordnet wurde, soll schon immer ein echter Wolf gewesen sein. Nun wird er offiziell als »Afrikanischer Goldwolf« (Canis anthus) in den Akten der Zoologie geführt.

Mensch und Wolf waren sich also schon immer sehr nah. In ihrem Verhalten, und auch räumlich. Doch wie das so ist bei alten Freundschaften: Plötzlich ändern sich die Rahmenbedingungen – ein neuer Partner, Kinder, ein Umzug – und die Karten werden wieder neu gemischt. Auch zwischen den ziemlich besten Freunden Wolf und Mensch kam es zu Verwerfungen. Denn der Mensch wurde sesshaft. Er hielt Vieh, anstatt Wild zu jagen, begann mit der Landwirtschaft. Er siedelte sich auch in immer größeren Gruppen an.

Dieser Prozess begann vor rund 13.000 Jahren, im »Fruchtbaren Halbmond«, der das Zweistromland zwischen Euphrat und Tigris (auf den heutigen Staatsgebieten von Syrien, Irak und der Türkei) ebenso umfasst wie Israel, Libanon, Jordanien – und natürlich die palästinensischen Autonomiegebiete. Der moderne sesshafte Mensch baute nur wenig später hier, genau im heutigen Pulverfass des Nahen Ostens, seine ersten Städte.

Das Los der Menschen, die Landwirtschaft betreiben, ist kein leichtes. Jäger und Sammler kommen nach Aussage des Ethnologen Hans-Peter Duerr (»Sedna oder die Liebe zum Leben«) mit ein paar wenigen Wochenarbeitsstunden sehr gut aus. Der Bauer hingegen arbeitet sich schon in guten Zeiten den Rücken krumm. Jederzeit können Dürre, Regen oder ein Sturm seine Ernte zerstören. Oder Raubtiere das wertvolle Vieh angreifen und töten. Plötzlich stehen sich Mensch und Wolf als Konkurrenten gegenüber.

Die Welt ist nun eingeteilt in gerechte Schafe und Wölfe, die Böses im Schilde führen. Im Neuen Testament, im Matthäus-Evangelium, findet sich der berühmte Vergleich vom Wolf im Schafspelz: »Seht euch vor, vor den falschen Propheten, die in Schafskleidern zu euch kommen, inwendig aber sind sie reißende Wölfe.« Wenn Beamte oder Richter ihr Amt missbrauchen, werden sie in der Bibel wegen ihrer Habgier und Unersättlichkeit reißenden Wölfen gleichgesetzt. Ebenso tut man es mit befeindeten Völkern.

Wir begegnen aber auch in der Bibel wieder der wölfischen Ambivalenz. Im 1. Buch Mose, in der Genesis, wird über Benjamin geschrieben: »Benjamin ist ein reißender Wolf; des Morgens wird er Raub fressen und des Abends wird er Beute austeilen.« So werden sein Mut, sein Erfolg und seine Großzügigkeit gepriesen.

Auch im späteren Volks- und Aberglauben entdecken wir die gespaltenen Wolfsgefühle. So beschreibt der Tiroler Justizbeamte und Schriftsteller Hans Vintler um das Jahr 1411 in seinem »Tugendbuch«: »So send denn vil, die hie haben / glauben, es pring grossen frum / ob jn des morgens ain wolf kum / vnd ein has pring ungelücke.« Aus dem Frühneuhochdeutschen übersetzt heißt das ungefähr: »Ein Wolf, gesehen am

Morgen, vertreibt dir Kummer und Sorgen. Ein Hase im Anblick bringt dir hingegen Unglück.«

In einer ganzen Gruppe von volkstümlichen Sagen wird der Leib des Wolfes sogar vom Teufel persönlich geschaffen. Der Teufel kann ihn nicht beleben, erst Gott (und manchmal Christus) schenkten ihm dann die Existenz. Weil der Teufel ihn schuf, aber Gott ihn belebte, »weiß der Wolf heute noch nicht, ob er für Gott oder den Teufel Partei nehmen soll«, steht im Handwörterbuch des deutschen Aberglaubens: »Begegnet er einem Stück Vieh, brüllt er und fragt in seinem Brüllen Gott, ob er es nehmen dürfe; wenn nicht, geht er fort.«

In dem Maße wie der Wald dem Landwirtschaft treibenden Menschen als Wildnis immer fremder wird, so wird es auch der Wolf. Hinter dem Zaun, hinter der Weide, da lauert fortan das Übel. So überwiegen die negativen Beurteilungen im volkstümlichen Führungszeugnis: »Im Vordergründe steht seine wilde Art. Er ist wild, reißend und bissig, blutgierig, so dass er aus reiner Mordlust, ohne Hunger, reißt, verwegen, unbezähmbar, grimmig, und kampfbegierig. (...) Der Wolf ist das böseste Tier unter allen; er schnappt noch, wenn ihm die Seele ausgeht, nach dem Lamm. (...) Er ist das Sinnbild alles Feindlichen, des Ketzers, der Bösen, Gottlosen, und Widersacher der Frommen. (...) Oft ist von Kindern und Reisenden die Rede, die überfallen werden.«

Der böse Wolf, der Schafsvertilger, der grau huschende Schatten, konnte er nicht auch mit den Dämonen, mit dem Teufel selbst im Bunde sein? Mit der

Frühen Neuzeit, die um 1500 beginnt, breitet sich ein neues Phänomen aus: der Glaube an Werwölfe, also an Menschen, die sich in Wölfe verwandeln. Gut belegt ist ein Fall im ausgehenden 16. Jahrhundert. Zahlreiche Flugschriften, das Unterhaltungsmedium Nummer eins seit der Reformation, berichten vom Schicksal des Peter Stump (auch: Peter Stubbe). Er ist ein Hirte aus Epprath, einem Ort am Niederrhein, der in den 1950er-Jahren dem Braunkohletagebau geopfert wurde.

25 Jahre lang soll Stump als Werwolf gewütet haben, nun wird ihm, im Jahr 1589, endlich der Prozess gemacht. Die Anklage: Mord, Vergewaltigung, Inzest, Zauberei. Warf man sich zur Verwandlung in früheren Werwolfs-Zeiten, die bis zu den Griechen und Germanen zurückreichen, noch ein ganzes Fell über, so reicht dem Volksglauben zu Stumps Zeiten ein Gürtel, der mit Wolfsfell besetzt ist, um den Menschen in ein ungeheures Untier zu verwandeln.

Kenner der Materie – es gibt eine muntere Werwolfs-Forschung – gehen eher davon aus, dass der Mann selbst ein Opfer war. Stump gilt bei seinen Mitbewohnern als Außenseiter. Das ist ein Schicksal, das Hirten seit Jahrhunderten teilen, vermutlich sogar seit Jahrtausenden. Sie kommen dem Wilden vor den Toren der Stadt viel zu nah. Sie sammeln Kräuter, um die Krankheiten des Viehs zu heilen. Sie kennen auch Pflanzen und Pilze mit halluzinogenen Wirkstoffen, um sich einen ordentlichen Rausch zu verschaffen. Kurz: Hirten sind, wie Wölfe, die perfekten Sündenböcke. Sie gelten als suspekt. Stump wird gefoltert, er gesteht alles. Am 31. Oktober 1589 trifft er seinen Henker. Der Scharfrichter malträtiert ihn mit glühenden Zangen, bricht ihm die Knochen, bindet ihn auf ein Rad. Dann erst wird der Werwolf enthauptet.

Ein weiteres schillerndes Beispiel des Werwolf-Glaubens bietet der »Wolf von Ansbach«, der um das Jahr 1685 herum nahe des mittelfränkischen Ortes einige Menschen getötet haben soll, von zwei oder drei Kindern wird erzählt. Es geht schnell die Rede, der vor Kurzem verstorbene Beamte Michael Leicht, ein notorischer Betrüger, sei vom Teufel in einen Werwolf verwandelt worden. Man schickt sich an, den Mörder zu fangen, und der fällt tatsächlich, mit einem Huhn als Köder angelockt, in die »Wolfsgrube«, einen mit Ästen abgedeckten Brunnen. Der Wolf wird getötet und gehäutet, denn unter seinem Fell vermuten die Ansbacher den Übeltäter. Das muss eine Enttäuschung gewesen sein! Und so drehte man den Spieß um und kleidete den Wolf als Menschen ein. Man band ihm auch ein Menschengesicht aus Pappe um, so wurde er zur Abschreckung an den Galgen gehängt.

Die deutschen Lande (und auch die französischen) werden in diesen Jahren, etwa zwischen 1580 und 1650, von Hexenprozessen überzogen. Es gibt Landstriche, in denen die Prozesse verheerend wüten. Andere bleiben völlig verschont. In einem guten Teil der Hexenprozesse aber geht es um die Untaten von Werwölfen. Die Angeklagten, heißt es, reiten auf Wölfen oder wandeln sich in Wölfe. Und sind grundsätzlich immer mit dem Teufel im Bunde.

Viele Gelehrte dieser Zeit schreiben über Werwölfe, es ist ein Thema, das der Kirche unter den Nägeln brennt. Denn nur Gott selbst hat die Macht, körperliche Verwandlungen durchzuführen. Wenn ein Mensch zum Werwolf wird, so könne dies nur ein Ergebnis seiner Einbildungskraft sein, schreiben die Gelehrten. Die einfachen Menschen aber glauben weiter an die wirkliche, an die körperliche Verwandlung.

Tatsächlich gibt es eine ganz Reihe einleuchtend klingender Erklärungen des Werwolfs-Syndroms, die sich häufig um das hervorstechendste Symptom drehen: nämlich um die Raserei. Vorneweg die Tollwut, die Tiere und auch infizierte Menschen zum Rasen trieb. Die Porphyrie, eine seltene Stoffwechselerkrankung, könnte eine weitere Ursache sein: Erkrankte sind oft lichtempfindlich, ihr Zahnfleisch zieht sich zurück, was den Eindruck verlängerter Reißzähne erweckt. Auch wächst ihnen die Gesichtsbehaarung sehr stark. Porphyrie-Patienten werden oft von manischen Störungen heimgesucht, verhalten sich also plötzlich rätselhaft anders.

Eine interessante Deutung erfährt die Werwolfs-Geschichte der »Bestie von Gévaudan«, die als »Pakt der Wölfe« verfilmt wurde. Am 30. Juni 1764 trat das Böse zum ersten Mal in dieser gottverlassenen Gegend in der Auvergne auf, insgesamt werden der Bestie mehr als 250 Attacken und 112 menschliche Opfer zur Last gelegt, fast ausschließlich Frauen und Kinder.

Ein Ungetüm in Wolfsform, aber so groß wie ein Esel, tötet als Erste die 14-jährige Jeanne Boulet aus der Pfarrei Saint-Etienne-de-Lugdarès. Zerfetzt und angefressen wird sie auf einem Feld gefunden. Während der kommenden drei Jahre schlägt die Bestie wieder und wieder zu.

Der Bischof von Mende erkennt schnell: »Der Zorn Gottes ist über die Menschen gekommen!« Getreu der kirchlichen Weisheit, dass Bangemachen nicht gilt, hält der Bischof seinen Schafen vor, sie hätten mit ihren Sünden das Unglück angezogen. Im Speziellen meint er dabei den ketzerischen Glauben des Protestantismus nach Luther und Calvin, dem viele in der Gegend anhingen. Weil sie als notorische Unruhestifter gelten, dürften die Menschen im Gévaudon keine Waffen führen, einzig Taschenmesser. Keine ordentliche Bewaffnung gegen eine Bestie. 15 Opfer kommen allein bis Heiligabend 1764 zusammen.

Der König auf Versailles entschied, Dragoner zu schicken – nebenbei konnte man mit einer solchen Besatzung ganz fein die Hugenotten ärgern. Doch das Monster tötete weiter. Berühmte Wolfsjäger reisten an, erfolglos. Armbrustträger und Bluthunde wurden losgeschickt, aber nichts. Die Bestie war nicht zu kriegen. Sie fraß keine vergifteten Kadaver, fiel auch nicht auf als Frauen verkleidete Soldaten als Lockvögel rein. Eine riesige Treibjagd, mit 20.000 Beteiligten und 9.000 Livres als Belohnung, verlief ergebnislos. Als schließlich ein mächtiger Wolf geschossen wurde, atmeten alle auf.

Doch bald ging die Serie weiter.

Da konnte man schnell glauben, die Bestie wäre übernatürlichen Ursprungs. So wie Jean Chastel das glaubte, ein Gastwirt und Vater von neun Kindern. Er lud silberne Kugeln in sein Gewehr, die einzige wirkungsvolle Maßnahme gegen Werwölfe. Im Juni des Jahres 1767 endlich erledigte er ein weiteres riesiges Tier, das von Chronisten beschrieben wurde als »sehr verschieden von den anderen Wölfen dieser Gegend«. Nie hatten Fachleute zuvor einen Wolf wie diesen gesehen: rötlichgrau, mit schwarzen Streifen. Seine Krallen waren mächtig, der Kopf wurde als »ungeheuerlich« beschrieben. Später wurde noch ein weiteres Tier gleichen Aussehens geschossen. Dann kehrte Ruhe ein im Gévaudon.

Wer war's gewesen? Die Wolfsfreundin Elli Radinger vermutet große Wolfs-Hund-Mischlinge. Die Wölfe hätten sich wohl mit großen Wolfsabwehrhunden der Bauern verpaart, was häufiger vorgekommen sein soll. Doch hätte dann das Treiben der Bestie von einem Tag auf den anderen gestoppt werden können?

Der Werwolfs-Forscher Dr. Utz Anhalt geht einer exotischeren Erklärung nach: Er hält die beiden Bestien für Tüpfelhyänen, die kräftiger als Wölfe sind. Jean Castel, der Wirt mit den Silberkugeln, könnte die Tiere von Reisen aus Nordafrika mitgebracht haben. Er war vor seiner Zeit als Wirt auch Seemann gewesen. Castel galt ohnehin als zwielichtige Gestalt. So haftete man ihm später auch den unbewiesenen Verdacht an, er selbst sei als Serienmörder für die 112 Opfer zuständig gewesen.

Werwolf ist ein germanischer Begriff und heißt »Menschwolf«. Schon bei den Griechen gibt es Geschichten der Menschenverwandlung in einen Wolf, in den Sagen über König Lykaon von Arkadien. Und »lýkos« heißt Wolf. Zahlreiche weitere Kulturen kennen das Wandelphänomen: als hombre lobo in Spanien, als loup-garou in Frankreich. Auch im alten Japan trieben sich menschliche Wolfsgeister herum. Im Mittelalter war der Werwolf noch oft ein armer verzauberter Sünder, ein Opfer des Schicksals. Die Verwandlung hin zum reinen dämonischen Schuft geschah dann erst mit den Hexenprozessen.

Der Wolf verschwindet als Tier in den dunklen Wäldern. Zurück kommt er als mystische, magische Gestalt. Sein Hirn wächst zum Vollmond hin, zu dieser Zeit ist er im Vollbesitz seiner teuflischen Kräfte. Die Verwandlung geschieht von innen heraus, dämonisch. Oder sie wird durch das Anlegen von Fell oder Gürtel vollzogen.

Der Werwolfkenner Dr. Lutz Anhalt sagt, dass der Mythos seiner Meinung (und Forschung) nach durchaus anhand realer Begebenheiten und Beobachtungen entstanden sein könnte. Bei den Berserkern zum Beispiel, die sich im Fell eines erlegten Wolfs mit halluzinogenen Pilzen zudröhnten oder anderweitig pharmakologisch behandelten und sich danach äußerst seltsam aufführten. Der Volksglaube vermischte solche Beobachtungen vielleicht mit christlich-moralischen Urteilen, mit der Angst vor teuflischen Dämonen. Schließlich seien dann noch reale Erfahrungen mit schweren Krankheiten wie zum Beispiel der Tollwut in die Vorstellungen vom Werwolf eingeflossen.

Die erwiesen sich als sehr nachhaltig: So klagen im Dorf Börry nahe Hameln noch im Frühjahr 1824 erst eine Magd und später ein Schäfer darüber, mehrfach von einem Werwolf belästigt worden zu sein. Im Volksglauben hielt sich der Werwolf in Deutschland bis in die Zeit vor dem Zweiten Weltkrieg. Und noch 1995 erscheint der Dokumentarfilm »Gratian: The Real life Romanian Werewolf«, über einen Mann, der von anderen (und sich selbst) für einen wölfischen Gestaltwandler gehalten wurde.

• • • • •

Die vielen Geschichten vom Werwolf – und auch die Vielfalt dieser Geschichten –, sie zeigen, dass die geistige Verbindung zwischen Mensch und Wolf schon früh Maß und Form erreichen konnte, die man aus heutiger Sicher als mit Fug und Recht wahnhaft und bestimmt als zwanghaft bezeichnen muss. Das hat sich bis heute gehalten.

Doch so dunkel wie wir ihn machen, ist der Wolf ja gar nicht. Er ist ja nur ein Wildtier wie andere. So scheint es erstaunlich, wie dünn die Schicht der Vernunft ist, und wie mächtig sich darunter, Schicht um Schicht, die Mythen, Sagen und der Aberglaube im Laufe der Zeit abgelagert haben. In dieser Hinsicht ist der Wolf weit mehr als nur ein Wildtier. Und wirklich einmalig.

EINAUGES GESCHICHTE 7

Bis zum Jahr 2004 bringt die Muskauer Fähe auf dem Truppenübungsplatz zehn Welpen zur Welt. Einauge könnte inzwischen längst auch Mutter sein, doch erst im Jahr 2005 geht sie selbst auf Wanderschaft. Nicht weit, nur rund 20 Kilometer in Richtung Westen. Nach Nochten, wo sie sich mit einem Halbbruder niederlässt.

Sein Informant sei von der Bundespolizei, sagte der Mann im Radio. Also glaubwürdig. Von Sabotage habe der Informant gesprochen, strenger Geheimhaltung. Aus ermittlungstaktischen Gründen. Ein Lastwagen aus Polen sei angehalten worden, mit Wölfen und Luchsen, die heimlich auf Truppenübungsplätzen ausgesetzt werden sollten. So erzählt der Chefredakteur eines großen Jagdmagazins dem Rundfunk Berlin-Brandenburg RBB. Er schrieb daraufhin einen Enthüllungsbeitrag mit dem Titel »Piotr und der Wolf«. Das klingt poetisch. Der Inhalt allerdings erscheint sehr an den Haaren herbeigezogen. Aber wie man sieht: Die Zeit der Mythen, Sagen und Märchen über den Wolf ist noch lange nicht vorbei. Das Tier eignet sich weiterhin prächtig zum Fabulieren.

Wir schreiben das Jahr 2014, als der Artikel erscheint, es ist Ende Januar. In der Gerüchteküche dampft und brutzelt es. Denn rund um den Truppenübungsplatz Munster waren bereits in den Jahren vor den Eskapaden der Wanderwölfin aus Kapitel 2 immer wieder einige Tier durch Distanzlosigkeiten aufgefallen. Und nun zuletzt sehr gehäuft. Das hatten – naturgemäß, möchte man sagen – als Erste die Jäger mitbekommen. In den Internetforen raunten sie sich über die illegalen Wolfsimporte zu. Das Umweltministerium aber schwieg – in meinen Augen ebenso naturgemäß. **125**

Das informatorische Vakuum hinterließ Raum für alternative Fakten. So entstand die Piotr-Saga über einen polnischen LKW-Fahrer, der für Wolfs-Nachschub sorgte, mit Tieren aus osteuropäischen Gehegen, die nun illegal ausgewildert würden. Der Chefredakteur mutmaßte, die Aktion werde, unter der Schirmherrschaft der Berliner Bundespolitik, sogar vom Nachrichtendienst gedeckt. »Ein journalistisches Schurkenstück«, urteilte der bayerische Wildbiologe Ulrich Wotschikowsky auf seinem Blog »Wölfe in Deutschland«.

Auf Nachfrage von Journalisten teilte die Bundespolizei mit, dass man solche Geschichten seit Jahren kenne: »Leider, oder zum Glück, haben wir keine Wölfe (...) gefunden, es ist ein Gerücht, was sich verbreitet hat, was wir aber dementiert haben.« Was man allerdings in einem Transporter bei Kontrollen entdeckt habe: ein gestohlenes Fahrrad der Marke »Steppenwolf«. Bundesbehörden können auch witzig sein, wenn man sie lässt.

Die Legende von den LKW-Wölfen – manchmal heißen sie auch »Kofferraumwölfe« – wird weiterhin erzählt. Und geglaubt. Varianten davon gibt es auch in den USA und in Italien. Im Nationalpark der Abruzzen sollen Wölfe von Naturschützern illegal aus Flugzeugen per Fallschirm ausgewildert worden sein. Sogar die akademischen Weihen hat der Topos erhalten: In seiner Bachelorarbeit »Der Kofferraumwolf – Moderne Sagen um die Einwanderung von Großbeutegreifern« stellt der Autor Oliver Deck zwei sehr interessante Fragen: »Wieso also wird (...) eine Geschichte geschrieben, die sich innerhalb weniger Tage falsifizieren lässt? Welcher Zweck wurde damit verfolgt und was sollte die Geschichte erreichen?«

Vielleicht ist das die Antwort: Auch in unseren Zeiten der totalen Digitalisierung wirkt die gut erzählte Mär als machtvolle Waffe. Nur wird nicht mehr von Mythen oder Sagen gesprochen, sondern von »Storytelling« oder »Narrativem«. Narrativ ist das Lieblingswort der Soziologen und Politologen geworden: Wer die Erzählung über ein Geschehen beherrsche, der beherrsche auch das Geschehen, sagen die Geisteswissenschaftler.

Die Piotr-Saga stellte, ganz grundsätzlich, die Legitimität der deutschen Wolfspopulation infrage: Wenn die Wölfe illegal ausgesetzt, aus Tiergehegen stammen, von unklarer genetischer Herkunft sind – dann müssen sie gar nicht geschützt werden. Das immer wieder gestreute Gerücht, die deutschen Wölfe seien »Hybride«, also Bastarde, zielt in dieselbe Richtung.

Ein ganzer Haufen weiterer Lügengeschichten über den Wolf handelt dann von gewalttätigen Übergriffen. Da werden Pinscher zum Opfer, ganze Herden von Pferden. Fließt Blut, war es sofort der graue Räuber. Julia Koch, beim Nachrichtenmagazin »SPIEGEL« für den Wolf zuständig, schreibt vom »Rufmord im Revier« (in Ausgabe 35/2015, vom 22.08.) und untersucht BILD-Schlagzeilen auf Wahrhaftigkeit: »Schäferhund von Wolf totgebissen!« und, noch emotionaler, »Kurz nach der Geburt – Fohlen von Wölfen gerissen«. Doch mit der Wahrheit ist es so ein Ding: »Schäferhund Udo aus Hoyerswerda wurde vom Nachbarköter zerfleischt, am Fohlen in Bispingen knabberten Füchse«, stellte die Journalistin fest. Ohne Beteiligung des Wolfs starb übrigens auch Chihuahua »Krümel« aus Hornbostel bei Celle, dessen gewaltsamer Tod durch die Boulevardmedien geisterte. Auch er wurde nicht vom Wolf, sondern von hündischen Artgenossen exekutiert.

Der ultimative Trumpf im Streit um den Wolf ist aber der humane Kollateralschaden: Die Gegner des Wolfes, so scheint es nicht selten, sehnen sich nichts stärker herbei als ein verbrieftes zweibeiniges Wolfsopfer.

So war es ein Pole, der vom Wolf geholt wurde: »Erstes Todesopfer in Polen (Wojowotscja Lubuska) durch Wolfsrudel!!! Jäger (51 J.) ist in den frühen Morgenstunden von mehreren Wölfen attackiert worden!!! Der Mann erlag noch am Tatort seinen schweren Verletzungen!!!!!!!«

Nur schwer kann ein hoher Jagdfunktionär beim Posting in der WhatsApp-Gruppe »Junge Jäger« seine Begeisterung unterdrücken. Er muss allerdings schon bald zurückrudern. Die Geschichte liest sich zwar sehr schön, vor allem, wenn man Wölfe hasst. Aber sie leidet am Makel, nie stattgefunden zu haben. Flugs verwandelt der Funktionär den Wolf in eine weniger gefährliche Spezie zurück: »Ist wohl eine Ente.«

Der Wolfsexperte Ulrich Wotschikowsky beobachtet dieses Gerüchte-Geschehen auf täglicher Basis. Er schreibt in seinem Blog: »In der Wolfsszene haben wir es immer häufiger mit erfundenen Geschichten zu tun. Die Schauermärchen um Isegrim werden nicht weniger, sondern eher mehr.«

Die Masche ist immer dieselbe: Wenn die Argumente fehlen, erfindet man Gruselgeschichten – etwas wird schon hängen bleiben. Die Wolfshasser hängen also dem Narrativ der »gefährlichen, unberechenbaren Bestie« nach, die nicht mehr in unsere modernen Kulturlandschaften passe. Die Wolfsverehrer sehen ihn hingegen als eine Art »Messias auf vier Pfoten«. Sie sagen, zusammengefasst: Der Wolf wird dafür sorgen, dass die Natur, die wir fast völlig zerstört haben, wieder in ihr ursprüngliches Gleichgewicht kommt. Dieses ökologische Glaubensbekenntnis, so ihre Überzeugung, sei bewiesen mit der Erfolgsstory der Wiedereinführung des Wolfs im Yellowstone National Park in den 1990er-Jahren.

In den USA waren die Tiere damals weitgehend ausgerottet, mit den Ausnahmen Alaska und Minnesota, an der Grenze zu Kanada. 1995 wurden dann aus den kanadischen Rocky Mountains 31 Tiere importiert. Die Hoffnung: die großen Fleischfresser würden die Population der rund 20.000 Wapitihirsche dezimieren (die größeren Verwandten unserer Rothirsche). Denn diese fraßen die Yellowstone-Wälder kurz und klein.

Doch nicht nur der Wald wuchs wieder. Die gesamte Vegetation machte Veränderungen durch, und auch das Artenspektrum der Tiere veränderte sich. Diese Beobachtung wurde unter dem Namen »Trophische Kaskade« zur wölfischen Heilsgeschichte.

Die Kaskade funktioniert so: Erst verkleinert der Wolf die Wapiti-Herden im Park. Dadurch können wieder Bäume und Sträucher wachsen, weil viel weniger Wapitis an ihnen nagen. Im wachsenden Grün gedeihen Vögel und Insekten, finden Nahrung und Deckung, werden Nahrungsgrundlage weiterer Arten. So ergießt sich die Kaskade des Guten von der obersten Höhe der Nahrungspyramide nach unten, also vom beseelten »Spitzenprädator« Wolf bis hinunter zum seelenlosen Einzeller. Alles wird gut, und alles wegen des Wolfs. So wiederaufersteht ein ganzes Ökosystem. Auf YouTube kann man sich einen Clip zu diesem kleinen Wunder anschauen: »How Wolves Change Rivers«. Am 28. 4. 2017 stand der Zähler für Aufrufe – inklusive meines Besuchs – bei 36.362.322.

Der Traum von der Heilkraft der Natur hat nur einen kleinen Haken: Er ist noch längst nicht bewiesen. So sagt der Ökologe Oswald Schmitz von der Yale University: »Prädatoren können von großer Wichtigkeit sein, aber sie sind kein Patentrezept.« Einigen Forschern kam das Missverhältnis seltsam vor: Könnten die Wölfe tatsächlich den Einbruch der Hirschpopulation von 20.000 auf 4.000 Tiere allein verursacht haben?

Heute spricht einiges dafür, dass es auch ganz andere Ursachen für diese Veränderungen geben könnte. Nach Ansicht von Wissenschaftlern der University of Wyoming haben nicht Wölfe, sondern Angler die Landschaft verändert: Die verschleppten den Seesaibling in die Flüsse des Yellowstone. Der gefräßige

Saibling verdrängte seine kleinere Cousine, die Cutthroat-Forelle. Die aber war eine der wichtigsten Nahrungsquelle der Yellowstone-Bären im Frühjahr, nach dem Aufwachen aus dem Winterschlaf. Die hungrigen Petze weichen nun auf hochkalorische Hirschdiät aus, denn um diese Zeit herum kommen auch die kleinen Wapitis zur Welt.

Und wer hat jetzt recht? Die Wahrheit ist wohl, dass sich ökologische Prozesse nur sehr unvollkommen über so kurze Zeiträume beobachten und bewerten lassen. In diesem Zusammenhang überrascht es allerdings schon, dass Biologen, die ja sonst gerne bewundern, wie kompliziert die Natur ist, plötzlich von doch sehr einfachen Erklärungen begeistert sind.

Ben Allen von der University of Southern Queensland hat Studien zum Einfluss von Dingos (den australischen Wildhunden) auf ihr Ökosystem unternommen, also die trophische Kaskade bei unseren Antipoden. Im populären Wissenschaftsmagazin »Spektrum« unterstreicht er die große symbolische Bedeutung eines Raubtiers, das ganze solcher Systeme zu regulieren vermag: »Jedem gefällt die Vorstellung eines großen Wolfes oder großen Bären, der sich um die Umwelt kümmert. Wir lieben eben gute Geschichten.«

Die Geschichten vom LKW-Fahrer Piotr und von der Natur heilenden Kraft der Wölfe sind gut erzählt. Und beide zeigen: Wenn wir heute Geschichten vom Wolf hören und erzählen – dann stehen wir Menschen doch immer mit unseren eigenen Überzeugungen und Wünschen heimlich im Mittelpunkt der Narrative. Wir

Menschen instrumentalisieren den Wolf für unsere Gesinnung und unseren Glauben. Und fragen gar nicht, wie es ihm damit geht. Der arme Kerl hat ein Problem: Er leidet an »Human Dimensions«.

• • • • •

Diesen »menschlichen Dimensionen« in der Wolfsfrage wird im Frühherbst 2015 sogar eine ganze internationale Wolfskonferenz gewidmet, und das passenderweise in Wolfsburg. Organisiert hat ihn der Naturschutzbund Deutschland (NABU), gesponsert wird er von einem ansässigen Fahrzeughersteller. Auf Deutsch trägt die Veranstaltung den Titel »Mensch, Wolf!«.

Das klingt wie ein Stoßseufzer: »Mein Lieber, was machst du bloß für Sachen!« Die internationalen Gäste hingegen werden mit einem coolen Wortspiel für die gute Sache aktiviert: »Get inWolfed!« Man trifft sich im MobileLifeCampus. Hauptmieter im hochmodernen Gebäudekomplex ist neben dem Bereich »Informationstechnologie« von Volkswagen die 2002 gegründete »AutoUni«.

Ende September 2015? Moment, da war doch was! Genau, der Abgasskandal hat gerade begonnen. Nun bekommt der naturbewegte Besucher, der zum Kongress selbstverständlich mit der Bahn anreist, als ersten Eindruck von der Autostadt ein Mikrofon des US-Fernsehsenders CNN ins Gesicht gedrückt: »What do you think about the Volkswagen scandal?« Ich gebe mich als Berufskollege zu erkennen und stelle eine

Gegenfrage: »What do you think about wolves in Germany?« Hoffentlich war es eine Live-Übertragung.

. . . . .

Doch zurück zum Thema: Get inWolfed! Bestimmt 400 Gäste sind dem Lockruf gefolgt, man trägt zum Zeichen seines Inwolfments gerne Fleece, Tweed, Baumwolle in Grün und Beige. Auch schmückt man sich mit Tatzen-Motiven, trägt Porträts der edlen Bestie auf dem Shirt. Am Tagesrucksack – Jack Wolfskin (der mit dem stylisierten Hundepfoten-Abdruck) – baumelt manches Schmusewölfchen. Die Besucher sagen Sätze wie »Sie würden nicht glauben, was ich in den rumänischen Karpaten erlebt habe!« und »Das niedersächsische Wolfsmonitorung ist meiner Meinung nach unter aller Sau.«

Was gehört zu einer ordentlichen Konferenz? Fensterlose Räume, unbequeme Sitzgelegenheiten und internationale Top-Referenten. Für alles ist gesorgt. Menschentrauben umringen zum Beispiel den »Wolfspapst« David Mech, der mit hinreißendem Lächeln unter seinem prächtigen Schnauzbart eine Wolfsanekdote nach der nächsten erzählt: Wie zum Beispiel die Jungwölfe im Yellowstone Park so gerne Mountainbiker jagen, herrlich! Mech hat die Lacher auf seiner Seite. Es ist ja auch kein Mountainbiker-Kongress. Bevor Dr. Elsa Nickel vom Bundesamt für Naturschutz (BfN) zu ihrem Vortrag »Der Wolf aus Sicht der Bundesregierung« anhebt, ist der US-Amerikaner Michael J. Manfredo dran, Professor an der Colorado State University. Er ist ursprünglich Anthropologe, hat an seiner Uni die »Human Dimensions«-Forschung aus der Taufe gehoben. Es ist sehr aufschlussreich, was Manfredo vorträgt: dass die Menschen, die sich zum Guten oder zum Bösen des Räubers inwolfieren, total konträren Lebensphilosophien anhängen. Auf der einen Seite gibt es die »Utilitaristen«: Sie sind Naturnutzer, ihr Credo ist der biblische Gedanke vom Untertanmachen der Natur. Auf der anderen Seite finden sich die »Mutualisten«: Sie predigen das Miteinander aller Lebewesen auf Gottes Erden. Und sehen sich selbst nicht an der Spitze der Pyramide, sondern mittendrin, als »Mitgeschöpf«.

Der Kampf heißt also: *Rednecks* gegen *Treehuger*. Wenn Vertreter derart kollidierender Werte- und Glaubenssysteme aufeinandertreffen, dann muss es ja krachen. Man stelle sich zwei Gruppen mit je zehn Vertretern vor, wie sie sich in einer Kneipe auf dem Land begegnen, zum Beispiel in einem Dorfkrug in Nordwestmecklenburg. Ich habe sofort eine Szene aus einem Film mit Bud Spencer vor Augen.

Manfredo erzählt von einem Phänomen, das 2015 noch ziemlich überraschte, aber seit Beginn der Trump-Ära zum Allgemeinwissen gehört: Er sagt, dass sich Angehörige dieser Wertesysteme auch nicht durch Informationen und Aufklärung von ihren (nicht selten objektiv falschen) Überzeugungen abbringen lassen. Sie bleiben also bei dem, was sie fühlen, unabhängig von allen Argumenten.

»Human Dimensions« heißt also: Es geht in Wirklichkeit gar nicht um den Wolf. Der ist nur die Projektionsfläche für Überzeugungen, Ängste, Wünsche. Es geht um die Menschen.

Das mit den menschlichen Dimensionen ist sehr komplex. Und auch sehr paradox: Zuerst heißt es, die gegnerischen Lager könnten nicht miteinander kommunizieren. Dann wird beim Kongress trotzdem der Dialog mit den Wolfsgegnern beschworen, man lädt sie mit offenen Armen zum Gespräch.

Also theoretisch. Denn gibt sich nun jemand bei einer Nachfrage an einen Referenten zum Beispiel als Jäger zu erkennen, so werden im Saal zu Hunderten die Augen gerollt.

Das ganze Elend der Diskussion ist greifbar, als Dr. Regina Walter vom Sächsischen Schaf- und Ziegenzuchtverband spricht. Sie sagt erst: »Die Ehe zwischen Schäfern und Wolf ist sicher keine Liebesehe, aber ein Zusammenleben ist möglich.«

Vor allem aber versucht sie, in den Reihen der Wolfsfreunde um Verständnis für die Position ihres Verbandes und damit der vielen Schaf- und Ziegenhalter im Land zu werben. Sie beschreibt, wie wenig ein durchschnittlicher Familienbetrieb mit rund 600 Schafen verdient – 25.000 Euro im Jahr –, und wie sehr zusätzliche Kosten und vor allem der zeitliche Mehraufwand für das Aufstellen und die Wartung von speziellen wolfssicheren Zäunen ihrer Zunft zu schaffen machen. Sie sagt: »Wir betrachten den Dialog unter den gegebenen Umständen als notwendig. Ein Perspektivwechsel könnte aber mitunter helfen, die Wahrnehmung des anderen zu verstehen.«

Nach dem Vortrag meldet sich dann ein Wolfs-
freund zu Wort. Er sei der Meinung, wenn Wölfe ein
Schaf reißen könnten, dann sei doch zuerst der Schäfer
schuld, oder? Warum würden diese nicht, wie zum Beispiel in Kroatien, je 100 Tiere einen Hirten abstellen,
der die Tiere nachts bewacht? Frau Walter bekommt
angesichts dieser Ignoranz vor Ärger rote Ohren. Sie
sagt: »Der deutsche Schäfer kann vielleicht seine Frau
nachts auf die Wiese schicken, aber das war's.«

Irgendwann fällt auch der bittere Satz: »Sie sind die
Aufgeklärten, wir sind die Störfaktoren.« Die Wolfsfreunde sitzen, so ist nun mal die Gesetzeslage, am
längeren Hebel. Und das lassen sie Wolfsgegner auch
gerne einmal durch arrogantes Verhalten spüren, das
ist zumindest mein sehr starker Eindruck. Was unter
dem Strich nicht gerade zur Verbesserung des Klimas
beiträgt.

Zu den menschlichen Dimensionen des Streits um
den Wolf gehört auch der Konflikt zwischen Städtern
und den Leuten auf dem Land. Natürlich findet der
moderne, üppig tätowierte Bartträger im Karohemd
in seiner Craft-Beer-Bar im Hamburger Schanzenvier-
tel, im Münchner Westend oder im Friedrichshain den
Wolf toll: Das ist doch Naturromantik pur! Er muss
allerdings auch nicht davon ausgehen, dem Tier so bald
zu begegnen. Und auch nicht, bei großer Sommerhitze
oder im Schneetreiben Hunderte Meter wolfsicheren
Zaun umstecken zu müssen.

Ketil Skogen vom Norwegischen Institut für Na-
turforschung schildert in seinem Vortrag, dass der Wolf

heutzutage gerne in Gegenden vordringt, die bereits vom Fortschritt abgehängt sind. Landflucht ist ja auch in Deutschlands Osten zu beobachten. Der Staat zieht sich hier aus der Fläche zurück, Krankenhäuser schließen, Postfilialen, Polizeistationen. Dafür bekommen die Bewohner den Wolf geschenkt, geschützt von den Bürokraten, die irgendwo in Berlin oder gar Brüssel sitzen.

So kann man sich auch hintergangen und übervorteilt fühlen, wenn man gar keine Schafe auf der Weide hat oder kein Jäger ist und sich über sein gerissenes Wild grämt. Es sei deshalb nicht zuletzt ein »soziokultureller Konflikt, der sich am Wolf entzündet«, sagt Ketil Skogen.

Wenn man sich nun hingegen die Menschen anschaut, die für den Wolf brennen und zu seinen Gunsten arbeiten – als Wolfsforscher, als Wolfsbeauftragte, als Wolfsschützer in öffentlicher Anstellung, so stammen diese nach meiner persönlichen Beobachtung selbst meist aus den Städten, sind Akademiker, die aus der Liebe zur Natur und ihren Forschungsobjekten hinaus in die Pampa zogen. Sie sind meist noch recht jung, sie fühlen sich aufgeklärt. Es ist ein linker Lifestyle, der dem Wolf große Sympathie entgegenbringt. Da gibt es eher weniger Schnittstellen zu Menschen, die konventionelle Landwirtschaft betreiben, Hobby-Schafszüchter sind oder gerne auf die Jagd gehen.

Aber reichen solche Differenzen in Lebensstil und Weltbild aus, um die starken Gefühle zu erklären, die der Wolf im Menschen weckt? Wahrscheinlich ist es die Mischung aus beidem – aus der mythischen Verbindung in grauen Vorzeiten und dem Aufeinanderprallen zweier Denkwelten –, die den Streit um den Wolf so explosiv macht.

Wenn es um den Wolf geht, brennen die Sicherungen in jenem Teil des Hirns durch, der beim Menschen für die Vernunft zuständig ist. Und manchmal bekommt man als Außenstehender, der versucht, die Wolfssache möglichst neutral zu betrachten, schon den Eindruck, dass die Kontrahenten von Gefühlen bewegt werden, die direkten Anschluss an längst vergangene Zeiten nehmen – wie »Medien«, die Verbindung mit den Seelen Verstorbener aufnehmen. Vielleicht waren die Wolfshasser in einem früheren Leben ja Bauern zu Zeiten des Dreißigjährigen Krieges? Und die Wolfskuschler in schamanischen Kulturen unterwegs, die den Wolf als »jagenden Bruder« betrachteten?

• • • • •

Pro oder Contra, beide Sichtweisen auf das Tier haben, historisch gesehen, ihre nachvollziehbaren Wurzeln und vielleicht auch ihre Berechtigung. Der Dialog zwischen den beiden Seiten kommt aber nicht in die Gänge. Die Hasser möchten sich von Herzen gern aufregen. Und hören deshalb nicht richtig zu. Die Kuschler reden vom Dialog, aber wollen ihre Kontrahenten doch nur überreden. Sie haben die guten Argumente, aber die anderen hören ja nicht zu. Sind die Gegner etwa zu dumm, um uns zu verstehen? Oft schwingt dann auch ein Hauch Arroganz im Auftreten der Wolfsfreunde mit, die sich schließlich, vom Gesetz gedeckt und der

Wissenschaft bestätigt, im Besitz der allein seligmachenden Wahrheit wähnen.

Und das ist auch einigermaßen verständlich, wenn man sich einmal in ihre Lage versetzt: Sie bemühen sich um Aufklärung, wollen das Märchen vom bösen Wolf widerlegen. Viele gute Argumente sind auf ihrer Seite. Und doch treffen sie, immer wieder aufs Neue auf Vorurteile, auf Ignoranz und auf Hass. Wird irgendwo zum ersten Mal ein Wolf gesichtet, organisiert man Vorträge, stellt sich in Podiumsdiskussionen den brennenden Fragen des beunruhigten Landvolks. Viele kann man überzeugen, aber nicht alle. Einen Bodensatz von Wolfs-Querulanten gibt es immer. Und der hört nicht auf zu pöbeln.

Der Wolf breitet sich aus, seit 15 Jahren, eine lange Zeit. Und trotzdem müssen immer wieder dieselben alten Diskussionen aufs Neue geführt werden: Ist der Wolf gefährlich, reißt er unsere Kinder und unser Vieh? Wird es bald kein Wild mehr für die Jäger geben? Da muss man schon einen sehr dicken Geduldsfaden haben, damit der nicht irgendwann einmal reißt. Wolfsforscherin Ilka Reinhardt gibt am Rande des Wolfskongresses zu, dass derlei Erleben »sehr frustierend« sein kann. Markus Bathen, Leiter des NABU-Wolfsprojekts, sagt: »Vertrauen aufzubauen ist sehr mühsam. Und manchmal reicht schon ein Halbsatz, der dem Gegenüber nicht passt, um jahrelange Aufklärungsarbeit wieder zunichtezumachen.«

• • • • •

Beim Fußvolk dieser Auseinandersetzung – denjenigen, die ihre Argumente vor allem fühlen – verkommt der Diskurs um den Wolf mitunter zur Schlammschlacht. Ein plakatives Beispiel ist das YouTube-Filmchen »Wolf frisst Hund in Deutschland!«, das der Nutzer *Forsti Horsti* gepostet hat: Eine Hundehütte im Schnee, beleuchtet, eingeblendet das Datum 10. 2. 2015. Ein mutmaßlicher Wolf nähert sich der Hütte, aus der ein kleiner Hund stürzt, den Eindringling angeht, eher spielerisch, es ist wegen der schlechten Bildqualität nicht so genau zu erkennen. Der Wolf zögert, trollt sich, kommt zurück. Irgendwann greift der den Hund im Nacken, reißt die Leine ab, verschwindet im Dunkel.

In Gifhorn soll das passiert sein, heißt es. Die Archivfunktion auf wetteronline.de weist allerdings für den Zeitraum und den Ort keinerlei Schneelage aus. Das ganze Setting sieht auch nicht nach Deutschland aus. Ja, das Video stamme aus Russland, man habe es schon einmal vorgesetzt bekommen, steht in den Kommentaren.

Und dann geht die Auseinandersetzung los, in verletzendem Ton, ohne Rücksicht auf Rechtschreibung und voller fehlerhafter Grammatik: »weisserwolf9« schreibt: »volksverdummung betrieben diese lustmörder suchen nur wieder lügen um das tier schlecht zu machen«. Da ist es bis zur Eskalation nicht mehr weit. Weisserwolf bekommt als Replik: »DU BIST SO EINE HÄSSLICHE FEHLGEBURT DU DRECKSSCHNÜFFLER«.

Eine Stimme immerhin trauert um das Opfer: »Ich liebe Wölfe sehr und möchte sie nicht beleidigen aber der arme Hund!« Munter geht es weiter:

»Das ist garnicht in Deutcsland«

»doch du fet sag« (*das soll wohl Fettsack heißen*).

Schließlich wird alles mit dem Mantel der Liebe bedeckt:

»ich hoffe sehr das der Wolf auch mal ne chance griegt zum hier leben und auch wo anderst... ›I LOVE WÖLFE‹«

· · · · ·

Wo derlei Emotionen aufeinanderprallen, ist die Politik nicht weit. Da das politische Handwerk in den 2010er-Jahren zunehmend über die Polarisierung betrieben wird, finden die Politiker bei Canis lupus lupus ein bestelltes Feld vor. Die Grauhundgrenze sieht die SPD und die Grünen auf der Pro-Seite, CDU und manchmal auch die FDP auf der Contra-Seite. Wer gegen den Wolf ist, sammelt Stimmen auf dem platten Land, Fürsprecher machen Punkte in den städtischen Milieus, das liegt auf der Hand.

So deklamiert CDU-Landwirtschaftsminister Christian Schmidt im Januar 2017: »In einem dicht besiedelten Land wie bei uns müssen der Ausbreitung Grenzen gesetzt werden. Mir scheint, wir sind an einem Punkt angekommen, an dem gehandelt werden muss.«

Wolfskenner Eckhard Fuhr schrieb dazu in der Welt: »Diese Woche ist in der Bundesregierung ein neuer Streit um Obergrenzen ausgebrochen. Nachdem Landwirtschaftsminister Christian Schmidt mit markigen Worten (»Es ist Zeit zu handeln!«) dazu aufgerufen hatte, die Willkommenskultur zu beenden, hat sich nun Umweltministerin Barbara Hendricks (SPD) entschieden vor die Zuwanderer gestellt.«

Zuwanderer, Obergrenzen: Hat außer mir noch jemand gerade ein Déjà vu?

Doch nicht nur seine Gegner schaden dem Wolf. Auch falsche Freunde tun das. Wie wir gleich im folgenden Kapitel sehen werden.

Einauge wird 2005 von einem Tierfilmer beobachtet. Sie lahmt, ihr rechtes Auge fehlt. Sie muss schwer verletzt worden sein, was sie nicht daran hindert, in den kommenden sechs Jahren immer aufs Neue Welpen zu werfen und aufzuziehen.

8 VERSCHERZTE SYMPATHIEN:
Wenn Wölfe über Zäune springen

Mitte Januar 2016 kommt der Winter mit aller Macht nach Goldenstedt. Innerhalb einer halben Stunde wird die Agrarlandschaft rund um den kleinen Ort südwestlich von Bremen mit einer dichten Schneeschicht bandagiert. Dicke, flauschige Schneeflocken tanzen vor der Windschutzscheibe meines Autos, manchmal ist es schier unmöglich, durch diesen weißen Vorhang auf die Straße vor mir zu schauen. Die Räumkommandos können nicht so schnell schaufeln wie es schneit. Es ist glatt, ein Milchlaster rutscht auf der L882 in den Graben.

Tino Barth erwartet mich vor dem Goldenstedter Rathaus. Ein stattlicher Typ Ende 40, raspelkurze Haare, zurückhaltend, prüfender Blick. Sächsischer Akzent, ein Zugezogener also, Hände wie Schraubzwingen. Man möchte lieber gut Freund mit ihm sein.

Herr Barth ist Schäfer, ihn zieht es trotz des widrigen Wetters zu seinen Tieren. Ich steige in seinen Pick-up, rutsche auf die enge Rückbank. Auf dem Beifahrersitz hat Barths Freund Hadi Platz genommen. Der ist in den kurdischen Bergen zur Welt gekommen und vor fast 30 Jahren nach Deutschland ausgewandert. Hadi hat hier bis zur Rente als Schäfer gearbeitet.

»Das Wetter gefällt mir nicht«, sagt Hadi, »es macht die Wölfe aggressiv.« Wenn in seiner Jugend die Räuber bei solchem Schneetreiben ins Dorf kamen, da machten sie auch nicht vor Menschen halt, erzählt er und nickt ernst.

Wölfe sind ein Thema in Goldenstedt. Besser gesagt: Ein einzelnes Exemplar ist das Thema Nummer eins. Bekannt aus Film, Funk und den Tageszeitungen unter dem Namen »Die Wölfin vom Moor«. Denn etwa zur gleichen Zeit, als der Wanderwolf aus Kapitel 2 im Frühjahr 2015 in ganz Niedersachsen für Aufruhr sorgt, keimt auch in den Landkreisen Vechta und Diepholz ein Konflikt, der zum Zeitpunkt meines Besuchs Anfang 2016 in voller Blüte steht. Und Schäfer Barth steckt mittendrin.

Sein Pick-up ruckelt in Richtung einer Wiese am Flüsschen Hunte. Rund 100 Schafe kratzen, mit dieser buddhistisch anmutenden Schafsruhe, dicke Grasbüschel aus dem Schnee. Können sie auch, haben ja schließlich dicke Wollpullover an, und das hier ist ihr einziger Job. Nebenan schreit ein Esel, es klingt, als hätte er einen Asthma-Anfall.

Früher, in der persönlichen Zeitrechnung »vor der Wölfin«, hätte Barth mal eben einen einfachen Stromzaun um die Wiese gezogen, um seine Schäfchen zusammenzuhalten, auch ein Graben hätte schon als Abgrenzung gereicht. Heute sind die Tiere Insassen eines Hochsicherheitstrakts: 1,05 Meter ist sein Stromzaun hoch, wer ihn berührt, bekommt es mit guten 9.000 Volt Spannung zu tun, also nichts für Träger von Herzschrittmachern. Sollten Eindringlinge trotzdem unversehrt ins Fort Knox der Schäferei gelangen, werden sie dann schnell von den beiden Wärtern angegangen: den beiden riesigen, aber plüschig aussehenden Pyrenäen-Berghunden.

Barth betreibt hier und auf seinen weiteren Wiesen die sogenannte Herdbuchzucht: Er zieht Vorbild-Schafe zum Weiterzüchten heran, keine späteren Koteletts oder Braten. Viele seiner Tiere sind preisgekrönt, zum Beispiel der französische Champion »Napoleon«, 2013 Sieger bei den »Blauköpfigen Fleischschafen« auf der Pariser Landwirtschaftsmesse. So ein richtig guter Zuchtbock bringt gut und gerne 1.800 Euro auf einer Auktion, erzählt Barth stolz. Es wird also teuer, wenn die Wölfin sich einen Paris-Sieger als Nachtmahl gönnt.

Bei Schäfer Barth ist die Wölfin zum Zeitpunkt meines Besuchs Anfang 2016 schon viermal zum Fressen vorbeigekommen. Dabei hat er insgesamt 20 Schafe verloren. Der ersetzte Schaden: um die 8.000 Euro. Der tatsächliche: viel höher, sagt er. Und der »ideelle Schaden«? »Wir nehmen die Tiere als Individuen wahr, wenn die zerrissen werden, geht einem das schon sehr an die Nieren«, sagt Barth und guckt plötzlich wie versteinert.

Dann wendet er sich wieder seinen Schafen zu, er atmet tief durch, denn alle sind wohlauf. Im Vorbeigehen klopft er dem Champion auf die Seite, dann mischt er im offenen Hundestall das Futter für die vierbeinigen Türsteher. Zweimal am Tag kommt er dafür hierher, gibt ihnen dann auch einen Schuss Lebertran, für ein seidiges Fell, sagt er.

Der ganze Hunde-Security-Aufwand ist nötig, weil hier in der Gegend seit dem Spätherbst 2014 die »Wölfin vom Moor« eine Schwäche für Schafe zeigte. Fragt man die Schäfer vor Ort, also auch Barths Kollegen, hat die Wölfin im Frühjahr 2016bereits das Leben von über 200 Nutztieren auf dem Gewissen. In den amtlichen Betrachtungen schrumpft die Zahl hingegen auf etwas mehr als ein Drittel.

Die Wolfsberater der Gegend haben dazu in mühevoller Kleinarbeit und fast schon wissenschaftlich-akribisch einen 61-seitigen Bericht verfasst. Mit dem Schluss, dass sehr vermutlich die Schäfer recht hatten, und nicht das Ministerium.

· · · · ·

Das Goldenstedter Moor ist ein Hochmoorgebiet. Es gehört zur »Diepholzer Moorniederung«, die ist eine der größten noch zusammenhängenden Hochmoorlandschaften Deutschlands. Hochmoore haben ständig nasse Füße, allerdings nur vom Regen, der schlecht abzulaufen vermag. Und nicht vom hochstehenden Grundwasser wie die klassischen Niedermoore. Früher bedeckten solche Moore, seit jeher Orte des Unbehagens, bevölkert von Moorleichen, erhellt von Irrlichtern, ein Zehntel der Fläche Niedersachsens. Durch Entwässerung über Jahrhunderte machte der Mensch viele dieser Flächen urbar, trug den Torf ab, als Brennmaterial oder Streu für die Ställe. So auch in Goldenstedt. Doch 1984 wurde das hiesige unter Schutz gestellt, man begann mit der »Wiedervernässung«. Dem Naturschutz wird gerne ein »Wieder-« vorangestellt, was andeutet, man stelle paradiesische Zustände wieder her, wie sie vor der Vertreibung der Natur durch den Menschen einmal gab.

Heute hat das Moor an vielen Stellen sein natürliches Aussehen zurückgewonnen, einen Millimeter pro Jahr wächst es wieder, weil sich Torfmoose ansiedeln, absterben und den Boden verdichten. Der klebrige Sonnentau lockt kleine Insekten in die tödliche Falle, das Wollgras präsentiert seine weißen, fluffigen Puschel, die früher für die Ohrenhygiene genutzt wurden. Bündel des Gagelstrauchs, der in großer Zahl hier wächst, wurden früher in Matratzen eingearbeitet. Die enthaltenen ätherischen Öle in den Blättern vertrieben die Flöhe. Jeden Herbst machen die Kraniche des Linienflugs Schweden-Spanien zu Tausenden Halt. Über 640 artenreiche Hektar erstreckt sich so das Goldenstedter Moor.

Fläche genug für eine Single-Wölfin, um sich zu verstecken. Aus dieser Sicherheit ihres Moors heraus machte sich die Goldenstedterin auf kleinere Spaziergänge in der Umgebung: Sie kam, sah und riss. Es wurde ihr auch leicht gemacht, man reichte ihr quasi Häppchen auf dem Silbertablett, und die Wölfin musste nur zugreifen. Denn zu Anfang ihres Besuchs waren die Schafe in der Gegend zwischen den Kreisstädten Vechta und dem südlich davon gelegenen Diepholz kaum bis gar nicht geschützt. Sie standen halt auf ihren Wiesen herum, so wie immer.

Wölfe kannte Barth aus der sächsischen Heimat durchaus, aber was sollten die bitteschön hier anfangen, in dieser vom Menschen geformten Landschaft, mit rechteckigen Feldern dicht an dicht, Gülleduft in der Luft und den langen, flachen Schweineställen an den Ortsausgängen? »Wer hätte denn gedacht, dass ein wilder Wolf ausgerechnet in diese Region mit intensivster Landwirtschaft kommt?«, sagt Barth. So hatte die Fähe die Überraschung auf ihrer Seite.

Die behördlichen Hilfsmaßnahmen liefen eher zögerlich an. Es wurden ohnehin nur die Diepholzer Schäfer beim Bau von wolfssicheren Zäunen unterstützt, weil zunächst nur ihr Landkreis ins Landesprogramm der »Förderkulisse Herdenschutz« aufgenommen worden war. Man ging im zuständigen Amt offenbar davon aus, der Wolf hielte sich auf seinen Jagdzügen brav an die Landkreisgrenze.

Erst wenn in einem Landkreis diese Förderkulisse besteht – meist ist das sofort der Fall, wenn ein Exemplar zweifelsfrei nachgewiesen wurde –, unterstützt das Land »wolfsabweisende Maßnahmen«. Nachzulesen ist das, lang lebe die deutsche Bürokratie, unter folgender Überschrift im »Niedersächsischen Vorschrifteninformationssystem« (NI-VORIS):

»Richtlinie über die Gewährung von Billigkeitsleistungen und Zuwendungen zur Minderung oder Vermeidung von durch den Wolf verursachten wirtschaftlichen Belastungen in Niedersachsen.«

Ein ganzes Jahr lang nach der Ausrufung der Förderkulisse haben niedersächsische Berufsschäfer (und auch Hobbyschäfer, die über die Landwirtschaftliche Berufsgenossenschaft versichert sind) nach dieser Richtlinie Zeit, einen »wolfsabweisenden Grundschutz«

für Schafe, Ziegen und Gatterwild sicherzustellen. Während dieses Jahres werden Schäden, die eindeutig dem Wolf zuzuschreiben sind, auch dann ersetzt, wenn der Schutz noch gar nicht besteht. Das kann in der Praxis dazu führen, dass Landwirte und Züchter erst einmal nichts unternehmen, weil ja zunächst jeder Schaden einigermaßen ersetzt wird. Oder dass sie erst einmal mit »kleinen Lösungen« experimentieren. Um Goldenstedt herum ist genau das passiert.

Schnell lernte die Wölfin, das Schafe als leicht zu erwerbende Speise zu schätzen. So sehr, dass sie sich dann auch nicht mehr davon abhalten ließ, als die ersten Schafe hinter Zäunen verschwanden. Wenn ein Wolf gleich bei seinem ersten Kontakt mit Schafen an einem Stromzaun endet, hinter dem auch noch ein aggressiver Herdenhund steht, dann geht ihm schnell auf, dass Rehe vielleicht bekömmlicher sind. Aber das war hier nicht der Fall. Und das Sprungvermögen der Wölfin wuchs mit ihren Aufgaben.

Der »wolfsabweisende Grundschutz« ist in Deutschland von Bundesland zu Bundesland unterschiedlich definiert. In Niedersachsen ist er für Halter von Schafen und Ziegen verbindlich, wenn sie bei Rissen Geld bekommen wollen. Gefordert wird ein vollständig geschlossener, elektrisch geladener Zaun, mit Litzen (also mehreren Strängen übereinander) oder aus Geflecht, bei einer Höhe von mindestens 90 cm. Es muss auch ein »Untergrabeschutz« aus Draht oder Litze gegeben sein, der ebenfalls Strom führt und maximal 20 cm über dem Boden geführt wird. Ohne

Strom müssen die Zäune aus engem Maschendraht oder Knotengeflecht mindestens 120 cm hoch sein, auch sie brauchen einen Strom führenden Untergrabeschutz, der außen vor dem Zaun geführt wird. Wahlweise kann der Zaun stattdessen 30 cm tief eingegraben werden. Und das ist noch nicht alles: »Alternativ können Maschendraht- oder Knotengeflechte von mindestens 90 cm Höhe, die bauartbedingt von Wölfen nicht durchschlüpft werden können und einen (...) Untergrabeschutz aufweisen, durch Breitbandlitzen oder Stacheldrähte, die mit maximal 20 cm Abstand über dem Zaun und zueinander angebracht sind, auf mindestens 120 cm erhöht werden.«

Man bekommt schnell den Eindruck, es dürfte wohl nur eine Frage der Zeit sein, bis »Wolfssicherer Grundschutz« als Bachelorstudiengang angeboten wird.

Doch das Schöne an der Wolfsbürokratie ist ja, dass sich die Betroffenen (also die Tiere) nicht unbedingt daran halten. Wenn schon kleinere Hütehunde problemlos aus dem Stand über 1,50 Meter springen können – was sollte einen Wolf davon abhalten, das bei niedrigeren Zäunen zu tun, hinter denen leckere Schäfchen aufgeregt blöken?

Gleich nach den ersten Übergriffen hätten die Behörden, statt Seiten mit Texten zu füllen, möglichst schnell alle Schäfer im Umkreis von den nötigen Schutzmaßnahmen überzeugen müssen. Mit Beratung vor allem, mit »schnellem Geld«, notfalls auch mit sanftem Zwang.

Stattdessen zogen überraschte Schäfer und gelähmte Behörden eine Wölfin heran, die sich nun von ganzem Herzen der Schäferei widmete: Strom? Flatterbänder? Die Goldenstädter Wölfin interessierten derlei Abschreckungen nicht mehr. Sie hatte sich inzwischen zu sehr auf das Nutzvieh als Nahrung fokussiert.

So beginnt der Streit um die Wölfin. Nicht wenige fordern den sofortigen Abschuss. Andere sammeln 70.000 Unterschriften gegen die behördliche Exekution. Das Umweltministerium weist zunächst darauf hin, dass die Opfer der Wölfin meistens nur unzureichend gesichert waren. Außerdem könne die Wölfin nur bei elf Rissen mit 31 Opfern nachgewiesen werden – und nicht bei mehr als 200 Opfern, wie die Gegner ja behaupten.

Aber das ist eine ziemlich fiese Spitzfindigkeit. Denn immer, wenn das von den heimischen Wolfsberatern sichergestellte genetische »Material« von den Bisswunden so frisch ist, dass man es einem einzelnen Tier sicher zuordnen kann, steht die Wölfin als Urheberin fest. Sind die Proben nicht mehr ganz so frisch, so wird – wie bereits gesagt – doch sehr häufig immerhin ein ganz bestimmter sogenannter »Haplotyp« festgestellt, der Kennzeichen einer Wolfspopulation ist.

Der aus Polen stammende Haplotyp »HW02« der Fähe aber ist (zu diesem Zeitpunkt) in Deutschland sehr selten und tritt noch bei ihr und im Gartower Rudel auf, aus dem sie stammt (das wir in Kapitel 4 beim Anknabbern des Joggers kennengelernt haben). So sprechen die Indizien eine ziemlich deutliche Sprache gegen die Wölfin. Und für die Darstellung der Schäfer.

• • • • •

Wie schon im Fall des Wanderwolfs ist der Mensch der eigentliche Urheber der Probleme. Hätten Behörden und Schäfer angemessen schnell reagiert, die Probleme um die Wölfin vom Moor wären sehr wahrscheinlich nicht entstanden. So wurde ein Tier mit einem Verhalten herangezogen, das man nun – wie ich finde ganz objektiv – mit dem Etikett »Problem-« versehen muss. Hat das Tier Schuld? Nein, natürlich nicht. Muss es die Konsequenzen tragen? Ja, der Schutzstatus lässt schließlich die »Entnahme« als Ausnahme zu.

Doch wieder hält Hannover die schützende Hand über die Wölfin. Sie soll, wie bereits beim »Wanderwolf« geplant, erst einmal gefangen und »besendert« werden. Man kennt derlei aus Tierfilmen: Der Schuss mit dem Betäubungspfeil, das Anlegen eines Sendehalsbands. Später Menschen mit Handantennen, die in der Wildnis stehen und »telemetrieren«, also von zwei Standpunkten aus die Richtung des Senders (und damit das Tier) anpeilen. Wo sich die Peilungen kreuzen, befindet sich das gesuchte Subjekt. Doch die Technik ist da heute wesentlich weiter, die Sender kommunizieren über SMS mit den Forschern und teilen dabei ihre GPS-Ortung per Satellit mit. Vermutlich haben deshalb Hunderte Telemetrierer weltweit ihren Job verloren. Stattdessen sind nun Sitzkräfte gefordert, die am Büromonitor der

Spur des Wolfes folgen. Und das 24/7, wie man heute so schön sagt. Denn nur so könnte man die Wölfin auf frischer Tat beim Überfall auf Schafe ertappen. Und sie dann mit Gummigeschossen vergrämen. In der Theorie klingt das mit der Vergrämung vielleicht noch überzeugend. In der Praxis aber hat das so in Deutschland noch nicht funktioniert. Wer soll auch 24 Stunden am Tag vor der Wolfsglotze sitzen? Und sich wann für den »Einsatz« entscheiden? Wer ist wiederum 24 Stunden am Tag bereit für so einen Einsatz, wer lässt sich innerhalb von Minuten aktivieren? Wer überhaupt beherrscht den »Vergrämungsschuss« auf Wildtiere, ohne diese vielleicht doch zu verletzen?

Der begehrte Spezialist für derlei Fälle, ein schwedischer Wildbiologe, wird uns in einem kommenden Kapitel begegnen. Hier brauchen wir ihn noch nicht. Denn zum Vergrämungseinsatz im engeren Sinne ist es in Goldenstedt nie gekommen.

Warum? Der bekannte Wolfsexperte Frank Faß hielt die Abschreckung von Anfang an in der Praxis für eine Schnapsidee und plädierte auf seiner Homepage dafür, das verhaltensauffällige Tier zu töten. Dafür erhielt er unflätige Drohungen. Tino Barth ahnt hinter der – nie vollzogenen – Entscheidung für die Vergrämung politische Gründe: »Ein grüner Umweltminister lässt als Erster einen Wolf erschießen? Das soll mit aller Macht verhindert werden.«

Das Umweltministerium spricht dieser Tage trotzdem von erfolgreicher Vergrämung: durch »effiziente Präventionsmaßnahmen«, also dichte Zäune mit Hunden dahinter. Wenn Prävention aber Vergrämung ist – wozu braucht man dann zwei Worte dafür?

Goldenstedt hat alle Bestandteile, die eine fesselnde Wolfsstory braucht: den guten Hirten, die unschuldigen Lämmer, den reißenden Wolf. Wolfshasser, Wolfskuschler. Alles wie gehabt, seit undenkbaren Zeiten. Wieder geben die neuzeitlichen niedersächsischen Behörden ein ziemlich trauriges Bild ab. Anstatt die Kontrahenten zu befrieden und so der Wölfin (und damit dem Wolf ganz allgemein) einen wirklich nachhaltigen Gefallen zu tun, bewirken sie nach meiner Meinung mit ihrem zögerlichen Vorgehen doch eher das genaue Gegenteil.

• • • • •

Tino Barth passt vom Typ ganz gut in die Gemengelage. Er hat nämlich etwas vom Michael Kohlhaas, wie ich ihn mir vorstelle. Und der sich ja bekanntlich wegen zweier Pferde in den Kampf gegen die Obrigkeiten hineinsteigerte. Bis er selbst vor Mord und Brandschatz nicht mehr zurückschreckte. Gut, vielleicht war der Vergleich ja auch etwas übertrieben.

Schäfer Barth jedenfalls lässt sich nicht kleinkriegen. Nicht durch die Wölfin, die so viel Ärger über das Goldenstedter Land gebracht hat. Auch nicht von den Behörden, die seiner Meinung nach viel zu spät zahlen, außerdem zu wenig. Insbesondere der Begriff »Billigkeitsleistung« will ihm dabei überhaupt nicht schmecken: Zugebilligt bekommt man etwas, auf das man keinen echten Rechtsanspruch hat. Zugebilligt wirkt in diesem Zusammenhang wie »billig«.

Ich habe mir das mit der Billigkeit vom Bundesamt für Naturschutz erklären lassen. Es geht unter dem Strich darum, dass ein Wildtier grundsätzlich »herrenlos« ist und niemand für die Schäden, die es verursacht, haftbar gemacht werden kann. Würde ein Bundesland die Haftung für die Taten des Wolfes übernehmen, sähe es sich – so die Befürchtung – einer Flut von Klagen um Schadensersatz ausgesetzt. Und genau da hat man keinen Bock drauf. Die Billigkeitsleistung ist deshalb ein Kompromiss. Der den Betroffenen wohl besser gefallen würde, wenn er nicht so einen blöden Namen tragen würde. Und wenn im Rahmen der Billigkeitsleistungen nicht nur die Schäden in voller Höhe gezahlt, sondern auch der Mehraufwand der Tierzüchter in irgendeiner Form abgegolten würde.

Für die Anschaffung der Hunde bekommt Barth zum Beispiel Geld, nicht aber für die laufenden Futter- und Tierarztkosten. Und auch nicht für den schicken Unterstand, der aus Gründen des deutschen Tierschutzes aufgestellt werden muss. Der Zeitaufwand für zweimaliges Füttern pro Tag? Auch sein Problem. Zu allem Überfluss gibt es Wolfsfreunde, denen die Herdenschutzhunde ein Dorn im Auge sind: »Wir haben schon anonyme Drohungen bekommen, dass unsere Hunde vergiftet werden, sollten sie tatsächlich mal einen Wolf töten«, sagt Barth.

Hat ein Schäfer, wie Barths Kollege Werner Olschewski, sechs Herden auf sechs Wiesen stehen, dann braucht er zwölf Hunde. Denn allein ist auch der imposanteste Herdenschutzhund kaum in der Lage, einen Wolfsangriff abzuwehren. Dazu müssen die Hunde gut ausgebildet sein, gute »Anlagen« haben. Und sie müssen unter Schafen aufwachsen.

Denn das ist der Trick bei dieser Sorte Hund: Sie halten sich dann selbst für Schafe und verteidigen im Fall der Fälle mit Zähnen und Klauen ihre Familie. Was wiederum zu Ärger führen kann, wenn Schafe dort bewacht werden müssen, wo Wanderer oder Spaziergänger unterwegs sind. Die Anti-Wolfshunde sind meist von beachtlichem Format. Und sie wissen, wie man sich durchsetzt. Wäre das nicht so, könnten sie ihren Job auch gar nicht machen.

Vieles andere wurde schon auf deutschen Schafweiden ausprobiert, um Wölfe abzuschrecken. Manche Schäfer lassen Radios im Dunkeln durchplärren, Deutschlandfunk soll besonders abschreckend sein. Anderswo stehen wehrhafte Esel mit auf den Weiden, auch Alpakas und Lamas kommen zum Einsatz. Doch als seriös erprobtes und wirksames »letztes Aufgebot« gegen Wolfsübergriffe gilt hierzulande die Kombination aus stromgeladenem hohen Zaun mit zwei Herdenschutzhunden für eine überschaubar große Herde von Schafen.

Hilft das nicht, müssen die Schafe in den Stall. Wie Millionen andere Opfer der landwirtschaftlichen Massentierproduktion vor ihnen. Genau damit drohen Schäfer in Deutschland.

Dass selbst der »Höchstschutz« seine Grenzen finden mag, wenn Wölfe so richtig auf den Schafsgeschmack gekommen sind, musste Tino Barth einige Tage vor meinem Besuch erfahren: Nachts war die Wölfin über den Elektrozaun ins schafhalterische Fort Knox gesprungen. Und sie war dabei nicht allein. Für die Rekonstruktion des Angriffs kroch der örtliche Wolfsberater und Amtsveterinär stundenlang über Feld und Wiesen.

Sein Ergebnis: Zwei Spuren, eine mit größeren Trittsiegeln und eine mit etwas kleineren, führten vom Wald her auf die Schafwiese zu. Schon seit einigen Wochen wurde von einem weiteren Wolf in der Gegend gesprochen, einem Rüden, der sich der Wölfin zugesellt haben sollte. Die Hunde stellten die beiden Eindringlinge und jagten sie zum Teufel. Auf der Flucht rissen die Wölfe den Zaun einfach um, vier Stäbe wurden aus der Erde gerissen. Die Hunde hielten dann die aufgeregten Schafe an dieser Lücke vor der Flucht zurück. Dieses Bild fand Tino Barth vor, als er die Weide am Morgen kontrollierte.

Offiziell blieb die Goldenstedterin aber weiterhin Single. Es brauchte ein geschlagenes Jahr, bis die Existenz eines Partners vom Umweltministerium bestätigt wurde. Auch hier mag man an Kalkül denken. Denn die Vorbehalte gegenüber einem ganzen Rudel Moor-Wölfe wären in der Region sicherlich um einiges größer gewesen. Zumal die Schafhalter befürchten, die Wölfin könnte ihrem Nachwuchs ihre spezielle Form des leichtathletischen Nahrungserwerbs beibringen. Was nach Ansicht des Wolfsexperten Frank Faß (wir erinnern: vom »Wolfscenter« in Dörverden) auch nicht völlig am Fell herbeigezogen ist.

Seit Juni 2017 ist übrigens klar: Es hat kleine Wölfe gegeben. Somit bekommt das Goldenstedter Paar ein Upgrade zum Rudel.

• • • • •

Über Mittag sollen Tino Barths Schafe noch das Gras aus dem Schnee graben und fressen dürfen. Der Schneesturm hat nachgelassen, und dem Vieh schmeckt die Tiefkühlkost anscheinend sehr gut. Nachmittags will der Schäfer die Tiere dann in den Stall holen. Der Zaun hängt unter der Last der weißen Pracht zu sehr durch, die Wölfin könnte das als Einladung verstehen. Ein letzter Blick noch über die Herde, dabei entdeckt der Schäfer eine große Gruppe Rehe, die sich in der Nähe der Wiese aufhalten. »Seit wir die Hunde haben, kommen die Rehe nachts immer nah an die Schafe und lassen sich von den Hunden mit beschützen«, sagt Barth.

Das gelte leider nicht für seltene Bodenbrüter wie zum Beispiel den Kiebitz. Der sei von den Wiesen, auf denen die Hunde lagern, völlig verschwunden. Jetzt darf Barth seine Schafe mit Hunden erst nach der Brut- und Setzzeit auf die Weiden bringen, also erst im Juni statt schon im März.

Dass Schäfer viel tun für die »Biodiversität«, um mal einen neueren Begriff zu benutzen, ist landläufig (also in den Städten) eher kaum bekannt. »Aber ohne die Schäferei können wir vom Naturschutz einpacken«, lobte Elsa Nickel vom Bundesumweltministerium anlässlich der Wolfsburger Wolfskonferenz vom vorigen Kapitel.

Tatsächlich verdienen Schäfer in Deutschland einen guten Teil ihres Einkommens durch »Landschaftspflege«. Die klassische Heide zum Beispiel ist eine Landschaft, die ohne den Einfluss der Schafe langfristig gesehen wieder verschwinden würde. Das Gleiche gilt auch für Streuobstwiesen. Der »kleine Naturschutz«, der Hummeln und Schlupfwespen unter die Flügel greift und zu dem auch die Schäferei gehört, ist in Deutschland weit verbreitet. Es ist der Naturschutz von Grünenwählern der ersten Stunde, wir reden hier von Birkenstock und wöchentlichen Reformhausbesuchen. Die Alten haben den Boden bereitet für die vielen neuen Nationalparks im Land, haben artenreiche Halbtrockenrasen in Mittelgebirgen unter Naturschutz stellen lassen, gegen Atomkraft demonstriert. »Und wir haben für die Kraniche sechs Windkraftanlagen gestoppt!«, sagt Heino Muhle, der zu den »Naturfreunden Goldenstedt« gehört, einem rührigen Verein vor Ort, der das letzte Nest des Regenpfeifers im Moor verteidigte. Und den Kampf verlor: »Jetzt kommt die Wölfin, und wir wissen nicht, ob wir sie von Herzen begrüßen können.« Muhle ist kurz vor 80, ziemlich drahtig, fit, Träger des Bundesverdienstkreuzes. Auch er trägt die Haare raspelkurz geschnitten.

Tino Barth hat den Naturfreund in ein Goldenstedter Café eingeladen, dazu weitere Vereinsfreunde und einige Jung- und Mitschäfer. Damit der Reporter aus der Stadt das ganze (von Barth gemalte) Bild bestaunen kann. Dass selbst die gestandenen Naturschützer im

Ort schwer am Wolf zu schlucken haben, sollte doch beeindrucken.

Heino Muhles Zerissenheit ist tatsächlich bemerkenswert: »Dass jede Art ein Recht auf Leben hat – geschenkt!«, sagt er und breitet seine Arme aus: »Aber bei der Wölfin, da bin ich mir eben nicht mehr so sicher, ob das auch stimmt. Ob ich wirklich ›Willkommen Wolf‹ sagen kann.« In der Ökologie, das lerne man schon in der Schule, hänge alles mit allem zusammen, und nicht selten anders, als man denke.

Muhle hält nun eine Laudatio auf die Schafe: Der »Goldene Tritt« der Wiederkäuer verdichte den Boden, was viele seltene Gräser und Kräuter mögen. Das ziehe Insekten an, an denen sich kleine Säuger und kleine Vögel laben. Dieses Kroppzeug nährt andere rare Spezies, zum Beispiel den kleinen Steinkauz, den Muhle sehr mag. Sind die Schafe erst weg, könne man diese Form von artenreicher Kulturlandschaft in die Tonne treten, meint der Naturfreund. Ihm ist der Steinkauz näher als der Wolf. Naturschützer klassischer Prägung, wie Muhle einer ist, denken ohnehin in kleinen Dimensionen: Der kleine Teich mit Wiese drumherum und drei Schafen drauf, der liegt ihm zum Beispiel am Herzen. Die meisten Halter von kleineren Schafsgruppen aber hätten schon aufgegeben aus Angst vor dem Wolf, sagt Heino Muhle. Er sieht deshalb die vielen kleinen Naturparadiese am Wegesrand verkommen. Und das stimmt ihn traurig, man sieht es ihm deutlich an.

• • • • •

Sensible Leser haben es bemerkt: Irgendwie befinde ich mich schon auf der Seite der Schäfer, bei aller Ausgewogenheit, die ich mir auf die Fahnen geschrieben habe. Die Schäfer sitzen beim Hype um die Rückkehr des Wolfs eindeutig am kürzeren Hebel. Sicher protestiert nicht jeder aus lauteren Gründen, mancher mag auch versuchen, möglichst viel Geld aus der Sache zu schlagen. Und natürlich klagen Landwirte grundsätzlich immer darüber, dass alles schechter wird. Sie sind alle keine wehrlosen Lämmchen, auch der smarte Tino Barth ist es ganz bestimmt nicht.

Aber sie gehen alle einem vergleichsweise harten Job nach, ohne dabei reich zu werden. Sie betreiben nachhaltige extensive Landwirtschaft, sie formen Landschaften wie die Heide, die viele Menschen sehr lieben und schätzen, ohne den Anteil der Schäferei dahinter zu ahnen. Trotzdem interessiert sich eigentlich keine Sau mehr für ihre Tätigkeit. Für die letzten Überreste des uralten Hirtentums. In unserer schönen, neuen Welt aus Bits und Terrabytes.

Meine Sympathie für die Goldenstedter Schäfer aber mag neben meinem Herzen für Verlierer auch noch sehr persönliche Gründe haben. Bei mir zu Hause horte ich in der Kommode mit Schallplatten und alten Fotos ein in blaues Leinen geschlagenes Fotoalbum mit schwarzem Karton und Trennseiten aus Pergamin. Darin finden sich Fotos mit Männern, die Pickelhauben tragen, und Frauen, die sich für das Posieren im Studio des Fotografen in der nahen nordhessischen Kleinstadt hübsch gemacht haben. Es sind Verwandte, deren Namen ich längst nicht mehr kenne. Dann gibt es Fotos von Oma und Opa mütterlicherseits, ihrem kleinen Bauernhaus mit dem Misthaufen davor. Sie zeigen eine gründlich untergegangene ländliche Welt.

Zwei Fotos mag ich besonders. Eines zeigt ein kleines, etwa fünf oder sechs Jahres altes lachendes Mädchen mit blonden Zöpfen, das auf einem riesig groß anmutenden Schaf mit dunklem Gesicht sitzt. Meine Mutter. Das andere zeigt einen Mann mit zerknautschtem Hut, geflickten Hosen, einem langen weißen Bart und einer knubbeligen Nase im freundlichen Gesicht. Mit der rechten Schulter lehnt er gegen einen langen Holzstab, den er fest in der Hand hält. Mein Urgroßvater war Hirte. Bei der Beerdigung meiner Mutter erzählte mir eine ihrer Cousinen die Geschichte dieses Urgroßvaters. Er war als 13-Jähriger zu Fuß vom Vierwaldstättersee bis nach Nordhessen gewandert, auf der Suche nach einem Auskommen. Der Ziegenhof zu Hause konnte die große Familie nicht ernähren. Mein Urgroßvater, der Schweizer Wirtschaftsflüchtling – so können sich die Zeiten ändern.

Er sieht so ganz anders aus als alle anderen Menschen im Album. Sehr authentisch, nicht aufwendig zurechtgemacht für den Sekundenbruchteil der Belichtung einer Glasnegativplatte. Ich habe ihn nicht gekannt, genau deshalb konnte ich ihn mir mit viel Fantasie ausmalen. Für mich war er immer so etwas wie ein Hippie, ein Punk, ein Tramp. Wie ein Landstreicher in Astrid-Lindgren-Büchern. Den Grashalm zwischen den Zähnen, an einem heißen Sommertag unter einer der riesigen alten Tannen im Schatten am kleinen Fluss liegend, auf die Schafherde schauend. So sah ich ihn vor meinem geistigen Auge. Ruhig, zufrieden. Ausgeglichen. Ein Vorbild, an das ich nie heranreichen würde. Auf einigen Fotos mit meiner Mutter, sehr viel später als beim Ritt auf dem Schaf, sie muss nun in ihren frühen 20ern sein, ist auch Roland zu sehen, Urgroßvaters Hütehund, und meiner Mutter Favorit. Groß, dunkel, mit den seidigen Locken eines Irish Setters. Roland widerum mochte meinen Vater nicht leiden, der meine Mutter umwarb. Er knurrte, schnappte nach ihm. Dass er später getötet wurde, kam aber aus anderen Gründen: »Er ging an die Schafe, der Roland hatte noch etwas vom Wolf in sich«, sagte meine Mutter, wenn ich als Kind nach dem schönen Hund fragte.

Bevor der Wolf zurück nach Deutschland kam, waren frei laufende oder ausgebüchste Hunde tatsächlich ein steter Quell des Ärgers für Schäfer. Hunde, die angesichts einer flüchtenden Herde der Jagdinstinkt überkam. Jedes Jahr rissen sie Hunderte Schafe in deutschen Landen, sagen manche Experten.

Deshalb betonen Wolfsfreunde immer wieder gerne, dass ein gerissenes Schaf nicht automatisch auf das Konto von Wölfen gehen muss. Allerdings ist angesichts der sich häufenden Angriffe jener Reflex, erst einmal von einem Hund als Täter auszugehen, bis die Täterschaft des Wolfs bewiesen ist, nicht mehr richtig zeitgemäß. Für diese Erkenntnis muss man sich nur die niedersächsische Rissstatistik anschauen: Hunde spielen als Todesursache bei Schafen heutzutage nur noch eine untergeordnete Rolle, was den prozentualen Anteil betrifft. Übrigens gibt es auch sehr oft zweibeinige Täter, die sich Schafe holen. Deren Treiben wird durch die Herdenschutzhunde ebenfalls eingedämmt, erzählen manche Schäfer.

• • • • •

Dass Wolfsangriffe auf Schafe auch ein Happy End haben können (zugegeben nicht für die Schafe ...), zeigt das Beispiel des Lausitzer Schäfers Frank Neumann. Dabei fängt alles äußerst blutig an: Im Frühjahr 2002 wird eine von Neumanns Herden von Wölfen aus dem Nochtener Rudel angegriffen, ich hatte das schon kurz in Kapitel 1 angerissen. Sogar der SPIEGEL (mit Ausgabe 32/2002, vom 05.08.) war vor Ort: »Die blühende Wiese im sächsischen Mühlrose war auf einer Fläche von zehn Hektar von Blutspuren durchzogen. Kadaver, Wolle, Gedärm, Verwesung, so weit das Auge reichte. Sieben Tiere sind bis heute spurlos verschwunden.«

Es ist der erste massive Übergriff deutscher Wölfe auf Nutztiere seit der Rückkehr der Räuber. Vier Wölfe, 27 tote Schafe, ein einziges Entsetzen im Örtchen Mühlrose. »Viele Dorfbewohner aus Mühlrose fürchten inzwischen, dass die Raubtiere auch in den Ort kommen könnten. Einige kündigten an, in der Dunkelheit nicht mehr allein durch die Straßen gehen zu wollen«, schreibt der Tagesspiegel. Ein örtlicher Jagdpächter orakelt in der Bild-Zeitung: »Die Gefahr besteht, dass die Wölfe (...) sogar Menschen angreifen.«

Nur drei Tage später kommt die nächste Attacke, »berauschten sich die Wölfe erneut am Blut. Sechs Schafe der Herde in Mühlrose sanken nach einer Blitzattacke tot zu Boden: Kehlbiss.« Kriegsberichterstattung von der Wolfsfront, Marke SPIEGEL. Der Nachbar, an dessen Geländer die Schafwiese grenzt, erinnert sich im Hamburger Nachrichtenmagazin an das Gemetzel: »Es war nichts zu hören. Nur ein leichtes Rauschen. Wie das Rauschen der Blätter im Wind.« So resümiert der Reporter: »Der lautlose Tod im Morgengrauen gehört in der Oberlausitz wieder zum Alltag.« Unter Einfluss der beiden extremen Ereignisse kippt nun die Stimmung um den Wolf, der doch noch kurz vorher von Landesumweltminister Steffen Flath (CDU) als »Geschenk für Sachsen« begrüßt worden war.

Nach den Vorfällen in Mühlrose reagieren die sächsischen Behörden goldrichtig und drehen schnell den Geldhahn auf. Neumanns Schaden wird zügig ersetzt. Er bekommt auch Besuch von den Wolfsbiologinnen Gesa Kluth und Ilka Reinhardt, und beginnt auf deren Ratschlag hin mit der Zucht und der Ausbildung von Herdenschutzhunden. Neumann setzte damit einen Trend. Und ist nun eine der ersten Adressen im Land, insbesondere im Osten, wenn es um Schafssicherheit geht.

Neumanns Pyrenäen-Berghunde bilden eine »schnelle Eingreiftruppe«, im Auftrag des sächsischen Umweltministeriums. Einsatzleiter Neumann hilft heute auch in anderen Bundesländern aus, wenn Not am Schaf ist. Die Kosten solcher Einsätze außerhalb

Sachsens trägt dann nicht selten die »Gesellschaft zum Schutz der Wölfe e.V.« (GzSdW). Deren 2. Vorsitzender Peter Schmiedtchen sagt: »Der beste Schutz des Wolfes ist der Schutz des Schäfers.« Im Wahnsinn rund um den Wolf ist so eine Stimme eine angenehme Abwechslung. Schmiedtchen, von Haus aus Physiker, lehrt übrigens als Honorarprofessor »Sicherheit und Gefahrenabwehr« an der Hochschule Magdeburg-Stendal. Passt doch.

• • • • •

Die meisten Experten haben sich darauf verständigt, dass ein vollständiger Schutz von Schafen in Deutschland nicht möglich sein wird. Die GzSdW sagt: »Erfahrungen aus anderen europäischen Ländern zeigen, dass es keinen hundertprozentigem Schutz vor Übergriffen durch Wölfe auf Schafe gibt. Allerdings lassen sich durch geeignete Schutzmaßnahmen wie Elektrozäune und Herdenschutzhunde die Übergriffe und vor allem die Anzahl der dabei getöteten Schafe minimieren.« Die Gesellschaft macht mit ihrem monetären Engagement auch einen sehr richtigen Schritt, der den Schäfern etwas gibt, was sie in der Diskussion bislang vermissen: nämlich Respekt und Anerkennung von wolfsfreundlicher Seite.

Werner Olschewski hat das schön zusammengefasst, als er sich über eine Unterschriftenliste für die Goldenstedter Wölfin aufregt, die innerhalb kurzer Zeit über 70.000 Stimmen zusammenbringt. Er sagt: »Wenn jeder von ihnen im Monat zehn Euro spenden würde, um unsere Hunde, Zäune und den Mehraufwand zu bezahlen – dann gäbe es eigentlich gar kein Problem mehr.«

Über das Geld, das uns der Wolf kostet, wird viel gemeckert. Niedersachsen spricht Ende 2016 davon, bei den Zahlungen für Abwehrmaßnahmen und Ausgleichszahlungen für tote Schafe statt 15.000 Euro auf drei Jahre verteilt bis zu 30.000 Euro je Schäfer pro Jahr zu zahlen. Das entspricht nach meinen bescheidenen mathematischen Fähigkeiten einer Versechsfachung der bereitgestellten Mittel. In Frankreich soll jeder Wolf den Staat pro Jahr angeblich rund 100.000 Euro kosten, hat ein Ökologe im SPIEGEL (in Ausgabe 52/2016, vom 23.12.) erzählt, der für die staatliche Wolfskommission unserer Nachbarn arbeitet. 500 deutsche Wölfe entsprächen 50 Millionen Euro. Ist das eine Menge Geld? Ja und nein. Dafür bekommt man einen halben Kampfjet Marke »Eurofighter«. Und der kann dann ja noch nicht einmal fliegen.

Von 2005 bis 2011 bringt Einauge mindestens 42 Welpen zur Welt. Sie ist eine vorsichtige Mutter: Während der ersten Lebenswochen packt sie die Jungen gleich mehrmals am Nacken und trägt sie zu immer neuen Höhlen im Wald, die sie als Ausweichverstecke entdeckt oder selbst angelegt hat. Forscher haben ihr einen Sender umlegen können. Nun wissen sie, dass Einauges Areal rund 200 Quadratkilometer groß ist.

9 WAS UNS DIE »VIRTOPSIE« VERRÄT:
Tote Wölfe und ihre letzten Geheimnisse

Zurück im heißen Lausitzer Sommer aus Kapitel 1, wir schreiben weiterhin das Jahr 2015. Eine Försterin macht im Landkreis Görlitz einen traurigen Fund: einen toten Wolfswelpen, rund sieben Wochen alt. Gestorben ist er an einer Magen-Darm-Erkrankung, ergibt die Obduktion. Doch der Totfund gibt Rätsel auf: Der Fundort, die Königshainer Berge südlich der Strecke Autobahn 4 Dresden-Görlitz, wurde bislang dem Territorium des Rudels aus Niesky nördlich der Strecke zugeschrieben. Die Nieskyer Welpen dieses Jahres wurden allerdings ganz woanders beobachtet. Daher vermuten die hiesigen Wolfsforscher, dass sich hier ein gänzlich neues Rudel gebildet haben könnte. Und tatsächlich: Die genetische Untersuchung ergibt bald: Das Wölfchen ist kein Nachkomme des Nieskyer Wolfspaares.

Die Wolfs-Gemeinde lauscht solchen Nachrichten mit größtem Interesse. Denn spannende Veränderungen geschehen sehr oft an den Rändern der Reviere: wenn die Rudel versuchen, ihre Territorien auszudehnen. Sie reagieren, so wird vermutet, sehr sensibel auf Veränderungen im natürlichen Nahrungsangebot. Je weniger Wild vorhanden ist, desto größer müssen die Reviere sein. Ist ja durchaus menschlich. Je größer die Familie, desto größer Kühlschrank und Vorratskammer. Treffen dann Tiere aus aneinandergrenzenden

Rudeln aufeinander, werden die Streitigkeiten nicht selten blutig ausgetragen.

Ein halbes Jahr lang tappen die Wolfsforscher noch im Dunkeln, Anfang 2016 aber verdichten sich die Hinweise zur Gewissheit: Die Königshainer Berge beherbergen tatsächlich ihr eigenes Wolfsrudel. Es residiert, ganz angemessen für eine solidarische Kriegergemeinschaft, zwischen den »Kämpferbergen« und dem »Kanonenbusch«. Die Gegend ist bekannt für seine Granitfelsen, die Überreste von ursprünglich über 100 freistehenden, über 20 Meter hohen Felstürmen. Die meisten der Türme fielen der preußischen Bauwut zum Opfer. Königshainer Granit wurde zum Beispiel für den Bau des Reichstags in Berlin verwendet, auch für den Leuchtturm auf Kap Arkona.

Totfunde wie der des Wölfchens aus den Königshainer Bergen gehören zum Wolfsforscher-Alltag. Allein in Sachsen kamen seit dem Jahr 2000 insgesamt 57 Wölfe um (Stand: 18. 5. 2017). 35 Wölfe starben bei Verkehrsunfällen, fünf davon ließen ihre Leben auf den Schienen. Sieben Wölfe – darunter der Königshainer Welpe (Nr. 40 auf der Liste) – starben im Rahmen der Formulierung »eines natürlichen Todes«. Bei zwei weiteren wird das vermutet. Sieben wurden illegal getötet, bei fünf Totfunden konnte die Ursache nicht mehr geklärt werden. Ein Welpe wurde 2008 eingefangen und eingeschläfert, »weil er blind war«, heißt es in einer Pressemitteilung. Ich frage mich gerade, ob dieser Akt der Barmherzigkeit nicht trotzdem ein Eingriff in die natürlichen Abläufe der Natur ist. Die ja sonst so heilig sind.

Warum wissen wir so gut Bescheid über die toten Wölfe? Weil sie allesamt akribisch untersucht werden. Dafür existiert eine »schnelle Lieferkette« deutscher Wolfskadaver, und alle gelangen sie nach Berlin ins Leibniz-Institut für Zoo- und Wildtierforschung. Mit der zentralen Untersuchungsstelle wollen die deutschen Bundesländer sicherstellen, dass die Wolfsleichen nach einheitlichen Kriterien untersucht werden. Es ist schon interessant, dass diese Einheitlichkeit erst funktioniert, wenn die Wölfe bereits tot sind. Denn was den Umgang mit verhaltensauffälligen Tieren oder den Schutz von Weidetieren betrifft: Da kocht jedes Bundesland noch sein eigenes föderales Süppchen.

Das Institut ist seit 2000, also von Anfang an, zuständig für das bundesdeutsche »Wolf-Totfundmonitoring«. So gelangten bis Mitte 2017 insgesamt 186 Wölfe in die Labors der Berliner Wildtierforscher. Ausgerechnet diese toten Tiere geben übrigens sehr wichtige Aufschlüsse über den Gesundheitszustand der deutschen Wölfe. Und der ist gut, fast alle Tiere sind zum Zeitpunkt ihres (meist unnatürlichen) Todes in einem ziemlichen Top-Zustand.

»Idealerweise frisch und nicht gefroren« landen die toten Wölfe auf dem Stahltisch der Veterinär-Pathologin Dr. Claudia Szentiks. Doch bevor sie das Skalpell ansetzt, wird jeder Wolf mit dem Forschungs-Computertomografen des Instituts durchleuchtet, dem ganzen Stolz des Teams.

Solch ein großes Hochleistungsgerät wird weltweit nur einmal für biologische Zwecke eingesetzt, nämlich hier. Und Menschen kommen nur an vier Standorten weltweit in den Genuss einer solchen Top-Röhre. Viel der Ehre für die Wölfe, die den forscherischen Glamour leider nicht mehr genießen können. Bei dieser »Virtopsie«, der virtuellen Autopsie, können Frau Szentiks und ihre Kollegen das Skelett und die inneren Organe auf dem Monitor von allen Seiten betrachten und dabei Rückschlüsse auf Alter und Todesursache ziehen.

Ich besuche das Institut im Sommer 2015. Heute führt eine Kollegin von Frau Szentiks das Skalpell, die Pathologin empfängt mich daher ohne weißen Kittel, in Zivil. Will heißen: im dunkelgrünen T-Shirt mit Wolfsmotiv darauf. Für den kurzen Blick in den Seziersaal muss ich Gummistiefel anziehen und desinfizieren. Der Raum ist so bemessen, dass auch Elefanten aus dem Berliner Tierpark nebenan »aufgelegt« werden können. Also recht imposant. Eine Mischung aus Reinigungschemie und dem süßlichen Geruch des Todes hängt in der Luft. Stahl, Kacheln, kein besonders anregendes Umfeld. Ich bin ehrlich gesagt ganz froh, dass ich der späteren Autopsie nicht beiwohne.

Heute ist ein Verkehrsopfer aus Baden-Württemberg in einem Plastikfass angeliefert worden. Das Tier könnte aus Italien zugewandert sein, was nicht alle Tage passiert, also ein interessanter Fall. Wir schauen uns den Scan an. Ein Mann vor dem Monitor lässt die Maus flitzen. Das in seltsam bunten Fehlfarben dargestellte tote Tier dreht sich, dreidimensional abgebildet, um verschiedene Achsen, Zoom rein, Zoom raus. Es wirkt wie ein bizarres Computergame. Das Tier auf dem

Bildschirm sieht auch überhaupt nicht wie ein Wolf aus. Ohne das Fell, das nicht dargestellt wird, wirken die Tiere viel schmaler, richtig nackt. Man kann aber auch sehr gut erkennen, wie muskulös und dabei schlank die Wölfe ohne Haarkleid sind.

Häufig lässt diese optische Inspektion schon Aufschlüsse über die Todesursache zu. Der Patient hier weist schlimme Frakturen auf, die ihn sehr wahrscheinlich schnell getötet haben. Was dann in den folgenden zwei bis drei Stunden auf dem Seziertisch passiert, kennt der Tatortfan vom Münsteraner Professor Börne: Zunächst wird das Tier äußerlich auf besondere Spuren untersucht, fotografiert und vermessen, dann erst aufgeschnitten. Es erfolgt die Untersuchung und Beprobung der Organe: War der Wolf vielleicht krank, hatte er Parasiten? Die vielleicht auch dem Menschen gefährlich werden könnten, so wie der Fuchsbandwurm? Oft wurden die Kadaver schon von Kollegen aus dem Tierreich angefressen, ein Drittel habe bereits »Nachnutzer« gefunden, sagt die Veterinär-Pathologin in schönster Fachsprache. Und oft seien »schon nach einer halben Stunde die Maden dran«.

Der Rest des Tages vergeht mit der Bearbeitung der Gewebeproben und der Dokumentation. Mal hat der Wolf ein »Ferkelpuzzle« im Bauch, mal ein Stück Alufolie, weil er sich wohl ein Butterbrot samt Verpackung einverleibte. Alles das wird penibel aufgezeichnet. So eine Untersuchung kostet bis zu 4.000 Euro, sie dauert – wie gesagt – gut drei Stunden. Das besondere **174** Interesse der Abteilung gilt aber »den Forensischen«.

Der Begriff Forensik hat seine Wurzel im lateinischen »forum«, dem öffentlichen Platz, auf dem im antiken Rom Gerichtsverfahren samt Untersuchungen öffentlich durchgeführt wurden. Forensik nennt man heute die systematische Suche nach Hinweisen auf kriminelle Handlungen. Und manchmal geht es auch rund um den Wolf höchst kriminell zu. Seit 1991 sind 199 Totfunde von Wölfen in Deutschland verzeichnet, Stand Ende Mai 2017, laut der »Dokumentations- und Beratungsstelle des Bundes zum Thema Wolf«. 138 Wölfe starben demnach durch Verkehrsunfälle. 20 Mal wurde ein natürlicher Tod verzeichnet, in elf Fällen ist die Ursache unklar. Zweimal starben Wölfe auf amtliche Anordnung. In 28 Fällen aber wurden Wölfe illegal getötet, in der Regel geschossen. In vielen dieser Fälle haben die Täter eine »erhebliche kriminelle Energie« aufgebracht, wie mir eine Kommissarin aus Sachsen am Telefon erzählt, die solche Fälle untersucht hat. Bis zu fünf Jahren Gefängnis oder 50.000 Euro Strafe gibt es, wenn man einen Wolf aus voller Absicht tötet.

Das Tötungsmittel der Wahl ist die Schusswaffe, manchmal werden Wölfe aber auch gezielt überfahren. Hass und Getriebenheit äußern sich in so manchem »Modus operandi«: So wurden in Brandenburg mehrfach enthauptete Wölfe gefunden. Die Polizei sieht mutmaßliche »Trophäensammler« am Werk. Matthias Freude, der Präsident des brandenburgischen Landesumweltamtes, äußert gegenüber dem »Tagesspiegel«: »Man darf vermuten, dass er den Kopf des erlegten Wolfes herumzeigen will.« Eine Frau als

Täter hat er offensichtlich nicht vor seinem inneren Auge. Zu aggressiv die Tat, zu blutig? Nachdem am zweiten Weihnachtstag 2014 bei Hirschfeld in Südbrandenburg eine Wölfin erschossen und geköpft wird, spricht der Naturschutzbund NABU sogar von einem »Akt der Verzweiflung«: Der Täter sei offenbar nicht willens, sich an einer öffentlichen Diskussion über die Rückkehr der Wölfe zu beteiligen. Das ist auch eine mögliche Sicht der Dinge.

Bereits im August 2014 war bei Lieberose, rund 80 Kilometer Luftlinie südöstlich von Berlin gelegen, schon einmal ein enthaupteter Wolf aufgefunden worden. Am Tatort lag auch ein auffälliger Kaffeepott mit der Beschriftung »SUPER BRO«. Super Bros sind laut »Urban Dictionary« superbeste Kumpels, die sich mangels zur Verfügung stehender weiblicher Sexualpartner auch einmal gegenseitig befriedigen, eben auf Freundschaftsbasis. Super-Bro-Logos auf Tassen und T-Shirts gibt es massenhaft, für eine junge, vermutlich Hiphop-hörende Zielgruppe. Da möchte man »Profiler« sein: Gesucht wird also ein vor Wut über die Rückkehr schäumender bisexueller junger Hiphop-hörender Jäger (oder Landwirt mit Waffenschein ...).

Der Kopfraub ist seit jeher eine besonders entehrende Art des Gewaltverbrechens. Als ob man sich mit dem Kopf den Geist des beraubten Wesens aneignen würde. Aus dem Stand fallen mir (unter Zuhilfenahme meines Hirnspeichers für unnützes Wissen) gleich drei Fälle ein: So soll Shakespeares Schädel 1794 im Auftrag des Schriftstellerkollegen Horace Walpole geraubt worden sein, der die enorme Summe von dreihundert Pfund ausgelobt hatte (Letzteres habe ich nachgeschlagen, so groß ist der Speicher nun auch nicht). Das Haupt des Regisseurs Friedrich Wilhelm Murnau (»Nosferatu«) wurde 2015 aus seinem Sarg entwendet. Und als Hamburger ist mir natürlich der Raub des (angeblichen) Störtebeker-Schädels sehr erinnerlich, er wurde 2010 aus dem Museum für Hamburgische Geschichte entfernt.

Dass es dem Täter (oder der Täterin) nicht allein um den Besitz des Kopfes, sondern ganz besonders auch um die Symbolik ging, zeigt der Ort des Niederlegens: nämlich direkt unter einem Hinweisschild auf das Naturschutzgebiet Lieberoser Heide. Schöner kann man als Wolfsfeind nicht signalisieren, dass man auf die praktizierte Artenschutzpolitik pfeift. Hinter dem nach Idylle klingenden Namen Lieberoser Heide versteckt sich übrigens ein weiteres Mal ein Truppenübungsplatz, diesmal einer der russischen Streitkräfte. Bis 1992 wurde die Heide für Manöverübungen des Warschauer Paktes genutzt. Seit 2009 gibt es hier Wölfe.

Der Lieberoser Kadaver kam bereits in einem Stadium der Verwesung bei den Wolfspathologen an, die Berliner leisten trotzdem ganze Arbeit. Sie entdeckten schnell die »Splitterwolke« eines Geschosses, stellten fest, dass der Tod binnen weniger Minuten eintrat, dann der Kopf abgetrennt wurde. Der Schussbefund deutete auf einen erfahrenen jagdlichen Schützen hin, wegen des »Blattschusses«, also eines gezielt tödlichen Schusses in den Brustraum hinter dem Schulterblatt. Das Projektil zerfetzt so Herz, Lunge und große Blutgefäße. Sofortiger Blutdruckabfall setzt ein, die Lunge kollabiert. Ergebnis ist das rasche Eintreten des Todes. So einen Blattschuss muss man gelernt haben, damit er ins Schwarze trifft. Und möglichst öfter praktizieren.

Das Tier war ein erwachsener Rüde, etwa zwei bis drei Jahre alt, 27 Kilogramm schwer. Es fanden sich sogar menschliche DNA-Spuren. Doch keinem der ins Visier geratenen Verdächtigen, die freiwillig eine Speichelprobe abgaben, konnten die Ergebnisse zugeordnet werden. Die Staatsanwaltschaften stellten schließlich beide Verfahren mit den kopflosen Wölfen ein. Alle Fährten endeten im Nichts, und es fanden sich keine Zeugen, die wertvolle Hinweise hätten geben können.

Wer in Deutschland einen Wolf tötet, hat statistisch gesehen beste Chancen, unerkannt davonzukommen. Bislang hat noch keine einzige Ermittlung zu einem Täter geführt. Aufrufe an die Bevölkerung, diese Verbrechen nicht zu decken, sind bislang noch immer verpufft. Auch hohe Prämien zeitigten keine Wirkung – so hat der WWF nach der Tötung eines Wolfes in Sachsen im Jahr 2016 eine Belohnung von 25.000 Euro ausgesetzt, für Hinweise, die zur Ergreifung der Täter führen, wie es in solchen Fällen so schön heißt. Mit null Ergebnis. Die Polizei ist aber gerade hier in hohem Maße aber auf Hinweise aus der Bevölkerung angewiesen. Doch die hält anscheinend zusammen.

Zweimal erst hat es seit der Wolfsrückkehr Prozesse wegen illegaler Tötung des Tieres gegeben. Es waren aber keine Fälle von »Hass-Tötungen«, eher von »dumm gelaufen«. So schoss im Jahr 2007 ein Jäger im Landkreis Lüchow-Dannenberg auf einen bereits verletzten Wolf. Der Mann wollte ihn mit einem Kopfschuss »erlösen«, traf aber nicht. Er musste zwei Jahre später 1.000 Euro Strafe zahlen und bekam die Tatwaffe nicht wieder zurück – weil er über keine Erlaubnis für den Gnadenschuss auf das streng geschützte Tier verfügte, das hätte nur ein Amtstierarzt gedurft. Wer den Wolf überhaupt mit dem ersten Schuss verletzte, kam beim Prozess nicht heraus. 23 Monate benötigte das Amtsgericht in Dannenberg für den Prozess, fünf Sachverständige aus ganz Deutschland wurden gehört, unter anderem ein Fährtenleser, der sein Handwerk bei den Apachen erlernt haben soll.

Ohne böses Ende für den Angeklagten endete auch der Prozess gegen einen Jäger aus dem Raum Köln, der 2012 einen Wolf im Westerwald getötet hatte. Der Mann, ein Beamter in Pension, sagt aus, bei einbrechender Dunkelheit auf einen vermeintlichen Schäferhund geschossen zu haben. Der habe gerade – illegal – zwei Rehe gehetzt. Der Mann gibt einen Schuss ab, rechnet aber nicht mit einem Treffer und schaute deshalb auch nicht nach. Zur guten Praxis der Jagd gehört es eigentlich, am »Anschuss« nach Spuren eines Treffers zu schauen, um verletzte Tiere »nachsuchen« zu können, um sie endgültig zu erledigen. Das macht der Schütze nicht, weil er ohnehin schlecht schieße, sagt er später. Als der Pensionär dann später im Radio vom getöteten Wolf hört, erkennt er den Zusammenhang und meldet sich bei der Polizei. Das Amtsgericht Montabaur verhängt eine Geldstrafe von 70 Tagessätzen zu 50 Euro, insgesamt also 3.500 Euro.

Der Richter nimmt dem Angeklagten ab, dass er das Tier nicht als Wolf erkannt habe. Hätte er es als solchen »angesprochen« (so heißt das auf Jägerisch!) und trotzdem geschossen, wäre das Urteil härter ausgefallen. Ach so, bevor wir es vergessen: Der Wolf war aus Norditalien und über die Schweiz zugewandert.

· · · · · ·

Wenn ein geschossener Wolf so viel Wirbel verursacht – was passiert dann wohl, wenn sich ein ganzes Rudel in Luft auflöst? Anfang 2015 schreibt die »Sächsische Zeitung« unter der Überschrift »Wolfsrudel verschwinden spurlos«: »Jetzt wird eine neue Dimension des Schwunds erreicht: Ganze Rudel sind plötzlich ausgelöscht.« Während des Beobachtungsjahres 2014/2015 haben sich die Rudel aus Kollm und Hohwald irgendwie verdünnisiert.

Schnell kommt der Verdacht auf: Wilderer haben ganze Wolfsfamilien ausgerottet. Mir wird diese Geschichte während meiner monatelangen Recherche im Jahr 2015 immer wieder erzählt. Die Hardcore-Wolfsfreunde haben endlich ihre eigene Gruselgeschichte gefunden: »Sie töten uns ganze Rudel!« Hinter »Sie« stecken Jäger oder Viehzüchter, oder beides auf einmal, so wird gemunkelt. Und es geht die Rede von der »Dunkelziffer« um, von allen jenen Wölfen, die den drei »S« zum Opfer fallen: Schießen, Schaufeln, Schweigen.

Für viele Wolfsfreunde ist jeder Wolf, der verschwindet, sehr wahrscheinlich von den Hassern getötet worden. Wer sich ein bisschen für Politik interessiert, für Innen- und Sicherheitspolitik zumal, der kennt die Dunkelziffer als mächtige taktische Waffe. Man kann einfach behaupten, irgendetwas sei »viel schlimmer als angenommen«, von der »Spitze des Eisbergs« reden, und muss am Ende keinerlei Beweis dafür beibringen. Es bleibt ein bitterer Nachgeschmack, und ein Gerücht, das einmal in der Welt war, verschwindet so schnell nicht wieder. Das Verschwinden der beiden Rudel sorgt für Verbitterung. Bislang ging es im Wolfsland immer nur aufwärts, und jetzt so ein Rückschlag. Auch bei meinem Leibniz-Institut in Berlin wird mir davon berichtet.

Tatsächlich gibt es solche Formen der Wilderei, die sich gezielt gegen eine Tierart richten. In Bayern werden regelmäßig wiederangesiedelte Luchse regelrecht »hingerichtet«. Militante Angler schießen oder vergiften Kormorane. Große Greifvögel – zum Beispiel Seeadler in Schleswig-Holstein oder Niedersachsen – werden immer wieder mal vergiftet aufgefunden. Das Stichwort scheint hier ganz klar »Konkurrenz« zu sein und nicht unbedingt reiner Hass. Luchse reißen des Jägers liebste Beute, das Reh. Kormorane dezimieren Fischbestände, auch stark bedrohte Arten wie die Äsche. Habichte schätzen das Huhn auf der Speisekarte. Alle diese Taten sind kriminell. Aber das gezielte Vorgehen gegen ein ganzes Rudel – das erscheint mir doch sehr viel emotionsgetriebene Energie vorauszusetzen, sehr viel Zeitaufwand und eine sehr genaue Ortskenntnis. Eigentlich wäre ein Wolfsforscher der perfekte Wolfsmörder.

Im Fall des Kollmer Rudels lässt sich die starke Empörung der Wolfsgemeinde schon aus rein familiären Gründen erklären: Der Vater des Rudels ist MT5, genannt »Timo«. Timo ist einer dieser gut beforschten heimlichen Stars im Wolfsland, ein »Senderwolf«. Er kam als Sohn der Wölfin Einauge zur Welt, ist Bruder des Weißrussland-Wanderers Alan, den wir schon kennengelernt haben. Timo konnte auch schon persönliche Bande zu den Menschen knüpfen: Er wurde Ende 2011 als sieben Monate alter Welpe bei einem Verkehrsunfall verletzt, danach eingefangen und schließlich in der Quarantänestation des Tierparks Görlitz wieder aufgepäppelt. Fünf Wochen nach der Behandlung seines Schien- und Wadenbeinbruches wurde er wieder im elterlichen Revier ausgesetzt, versehen mit einem Sendehalsband. Fotofallenaufnahmen zeigten schon kurze Zeit später einen wieder vollkommen integrierten Timo. Er entstammt dem letzten Wurf Einauges und blieb von den vier Geschwisterwölfen am längsten bei seinen Eltern.

Zwei Jahre lang war der Wolf nun unregelmäßig auf Sendung, doch die Übertragung der Ortungsdaten per SMS funktionierte nicht immer, wie sie sollte. Anfang 2014 fiel der Sender – planmäßig – ab und konnte dann vollständig ausgewertet werden. Die Daten zeichneten ein sehr aufschlussreiches Bewegungsbild. Timos Kernrevier bei Kollm, südlich des Daubaner Territoriums gelegen, ist mit 99 Quadratkilometern das kleinste, das bisher beobachtet wurde. Aber Platz ist schließlich in der kleinsten Hütte: Ende Juli 2013 konnte bestätigt werden, dass der Wolf in diesem Gebiet seine eigene Familie gegründet hatte, die fortan den Namen »Kollmer Rudel« trug. Vorher hatte sich Timo auf der Suche nach der passenden Immobilie und der zugehörigen Partnerin sogar noch im Kernbereich des Daubaner Rudels herumgetrieben. So etwas kann schnell Stress bringen. Der Daubaner Rüde war allerdings ein Bruder Timos, vielleicht ging der Besuch deshalb unblutig aus.

Doch dann verschwindet das Kollmer Rudel. Im Winter 2014/15 geht das ehemalige Territorium des Rudels in den Revieren der beiden benachbarten Rudel von Niesky und Dauban auf. Schnell sind die Gerüchte über einen Serien-Wilderer im Umlauf. Aber könnte das Geschehen nicht auch ganz einfach »natürlich« sein? Durchaus normal ist in wilden Revieren, dass die Hälfte der Welpen eines Jahres verendet. Deutsche Wölfe (und ihre Beforscher) werden seit Jahren mit recht hohen Überlebensraten verwöhnt, unter anderem wegen der dichten Wildbestände. War Timos Revier vielleicht ganz einfach zu klein, um eine Familie zu ernähren? Musste Timo deshalb größere Kreise ziehen und ist dabei mit wütenden Kollegen aneinandergeraten?

Tatsächlich taucht die Kollmer Fähe im Sommer 2015 wieder auf – in den Königshainer Bergen. Sie ist nämlich die Mutter des verendeten Welpen vom Anfang des Kapitels, wie Genproben beweisen. Weil ich kein Wissenschaftler bin, darf ich ruhig ein wenig spekulieren. Im meinem Umfeld kenne ich Familien, die ständig die Seuche haben, Lungenentzündung, Mittelohr, Magen-Darm. Einer steckt den nächsten an. Liegen die Kinder nicht flach, hat es ein Elternteil erwischt. Andere Familien sind fast immer kerngesund. Vielleicht hat die Kollmer Fähe keine Anlagen für ein gutes Immunsystem zu vererben. Vielleicht ist Timo seinen früheren Verletzungen zum Opfer geworden. Es gibt auf jeden Fall genügend Gründe, um eine gewollte Ausrottung des Kollmer Rudels als weniger wahrscheinlich anzusehen. Die Affäre Timo zeigt aber, dass man gut daran tut, keine voreiligen Schlüsse zu ziehen, wenn es personelle Veränderungen im Wolfsland gegeben hat.

• • • • •

Wenn man die 28 illegal getöteten Wölfe aus der Statistik nimmt und durch 26 Jahre teilt, dann kommen 1,08 Wölfe heraus, die durchschnittlich pro Jahr illegal getötet wurden. Im Straßenverkehr hingegen starben jährlich im Schnitt 5,31 Wölfe, mit stark ansteigender Tendenz. So sind in den ersten sechs Monaten des Jahres 2017 bereits 21 Wölfe auf Straße und Schiene gestorben, 2016 waren es 33. Während der ersten sechs Monate 2017 ist erst ein Wolf illegal getötet worden, 2016 waren es insgesamt fünf.

Nach meiner ganz bescheidenen Meinung ist die illegale »Entnahme« natürlich völlig inakzeptabel, aber doch auch vergleichsweise von eher geringem Ausmaß, als dass man sie dramatisieren sollte. Insbesondere, wenn man sich das Konfliktpotenzial anschaut, und wer heutzutage auf dem flachen Land alles gegen die

Wölfe agitiert – Schafzüchter, Biobauern mit jungem Weidevieh und Pferdezüchter zum Beispiel. Es verschwinden Wölfe. Manch einer wird irgendwo vergraben liegen, das schließe ich nicht aus. Ich halte es aber für eine bösartige Unterstellung, wenn aus jedem fehlenden Wolf ein gewilderter gemacht wird. Auch ein verschwundener Leitwolf, der normalerweise sein Revier nicht wieder aufgibt, kann eines natürlichen Todes gestorben sein. Und in einer stillen Ecke des Forstes von Nachnutzern vertilgt werden. Junge Wölfe können auswandern, nach Italien, nach Polen, eben dorthin, von wo wir auch Wolfsbesuch bekommen.

Mir sagen diese Todeszahlen besonders eines: dass es langsam eng wird für die Wölfe, denn von Osten nach Westen wird das Verkehrsnetz dichter und vor allem mit höherer Frequenz genutzt. Die Wolfsfreunde im Land täten daher gut daran, nach Konzepten zu suchen, wie es zu weniger Wildunfällen mit Wolfsbeteiligung kommen könnte.

Der WWF fordert stattdessen Polizei-Spezialeinheiten für die Aufklärung von Wolfstötungen, der NABU die Einrichtung von »Fachstellen« bei Landeskriminalämtern (LKA), die bei Verstößen gegen das Artenschutzrecht und bei Wilderei tätig würden. Ist das nicht ein bisschen übertrieben, angesichts im Schnitt eines Falles pro Jahr? Der NABU will diese Fachstellen immerhin auch bei Anschlägen auf das Leben von Bibern, Kormoranen oder Kranichen einbinden, alles Arten, die verdächtig häufig getötet werden, und das wahrscheinlich mit Vorsatz.

EINAUGES GESCHICHTE 10

Jedes Jahr ziehen ein paar von Einauges Kindern hinaus in die Welt. Ein Rüde wandert bis nach Weißrussland, ein anderer nur Richtung Potsdam, um dann in die Gegend seiner Eltern zurückzukehren. Auch bei den Wölfen gibt es Draufgänger und Stubenhocker. 2012 aber übernimmt eine Tocher Einauges deren Nochtener Territorium und verdrängt das Elternpaar an den Rand seines einstigen Lebensraums.

DAS PROBLEM VON ZU VIEL NÄHE:
Schon bald zum Abschuss freigegeben?

10

Am Abend des 27. 4. 2016 zielt ein Scharfschütze auf Kurti und tötet ihn. Viel mehr ist über diesen ersten legalen Abschuss eines freilebenden Wolfes in Deutschland seit der Wiederbesiedlung nicht zu erfahren. »Historisch« wurde das traurige Ereignis genannt. Aber die meisten Eckdaten dazu fehlen. Dem Abschuss (in der amtlichen Mitteilung: »letale Entnahme«) ging ein langes Vorspiel voraus, von dem wir ziemlich viel wissen. Und das man glatt lustig nennen könnte, wenn es nicht mit dem Tod eines Protagonisten geendet hätte. Es war ein Ringelpietz mit Abknallen.

Dieses Kapitel ist einer zentralen Frage gewidmet: Was wir tun sollen, wenn uns die Wölfe zu nahe kommen. Und damit ist nicht der oder die Einzelne bei einem Zusammentreffen mit einem Wolf gemeint. Nein, es geht darum, wie Behörden und Politik reagieren, wenn einzelne Tiere ein seltsames oder auffälliges Verhalten zeigen.

Die Vorgeschichte von Kurtis Abschuss führt wieder nach Munster in die Heide, ins Jahr 2014: Kurti war einer jener sechs Geschwisterwölfe, zu denen auch der Wanderwolf aus Kapitel 2 zählte. Also ein Bruder, der sich nicht genügend vom Menschen distanzieren konnte, der durch ganz Niedersachsen trottete, gerne am helllichten Tag. Der erst vergrämt, dann geschossen werden sollte. Und der dann bei einem Verkehrsunfall starb.

Weil Kurti zu jenem Wurf gehörte, von dem man annahm, dass er von Menschen »angefüttert« worden sei, ließ man das Tier im späten Sommer 2015, nach dem ganzen Theater mit dem Wanderwolf, einfangen und besendern.

Die Wolfsforschung erhoffte sich Aufschlüsse über die Gewöhnung des Tieres an den Menschen. Es trug fortan den offiziellen Senderwolf-Namen MT6 und bald schon den Kosenamen Kurti (was mich daran erinnert, doch einmal herauszufinden, wer diese Namen vergibt ...). Der Sender sendete allerdings lausig, und so hörte man länger nichts vom Wolf mit dem schmucken Halsband.

Ab Februar 2016 wurde dann aber immer häufiger von Nahwolferfahrungen unmittelbar in und um Munster berichtet. Nun muss man einen jeden solcher Berichte mit höchster Vorsicht genießen, wie wir gelernt haben. Allzu oft werden derlei Geschichten erfunden. Häufig wird aus einem Vorbeilaufen eine »Begegnung«. Die Presse hat da ihren Anteil, zweifelsohne: »Rotkäppchen reloaded: Wolf näherte sich Kind« klingt einfach viel besser als »Wolf lief an Kind vorbei und kümmerte sich einen Dreck«.

Doch was nun im Frühjahr 2016 passiert, es besitzt eine neue Qualität. Denn ein Wolf, gut sichtbar mit einem Halsband ausgestattet, wird häufiger tagsüber mitten in Ortsteilen von Munster gesichtet. Immer wieder kommt er bis auf wenige Meter an Menschen heran. Er folgt einer Spaziergängerin mit Kinderwagen. Er nähert sich Menschen mit Hunden. Weder lautes Rufen noch

Drohgebärden zeigen Wirkung. Höhepunkt seiner skurrilen Auftritte ist dann ein Nickerchen am Zaun einer Flüchtlingsunterkunft bei Bad Fallingbostel. Will er vielleicht selbst politisches Asyl beantragen? Dann, an einem Wochenende im März/April, beißt ein Wolf im Landkreis Celle dem angeleinten Hund der dreiköpfigen Familie M. aus G. im Landkreis Celle bei einem Waldspaziergang in den Hintern. Der Täter ist Kurti.

Jetzt kippt die Stimmung. Doch zunächst gegen die Familie mit dem Hund. Ein sich selbst so nennender »Anwalt der Wölfe«, ein studierter Volljurist (und jetzt Züchter von Hunden, die wie Wölfe aussehen sollen), versucht, die Familie zu beeinflussen: Sie hätte ihren Hund garantiert nicht angeleint gehabt, was die Situation völlig zu Gunsten Kurtis ändere. Und solle das bitteschön zugeben. Der Wolfsanwalt veröffentlicht im Internet Adresse und später die Telefonnummer der Hundehalter und bekommt auf Facebook viel Zuspruch: »Daumen hoch! Du bist der Fels in der Brandung für die Wölfe.«

Gegenüber der örtlichen Zeitung beschreibt allerdings ein weiterer Spaziergänger das Geschehen genau so, wie es zunächst geschildert wurde. Der Beobachter ist pensionierter Richter, auch er sollte sich mit Zeugenaussagen auskennen.

Schnell werden aus dem Stand mehr als 6.000 Unterschriften gesammelt. Gegen die Tötung Kurtis. Doch eine Tötung hat der Umweltminister Stefan Wenzel zunächst auch gar nicht im Sinn: Ein eigens aus Schweden herbeigerufener Vergrämungs-Scharfschütze, der

Wolfsforscher Jens Karlsson vom »Swedish Wildlife Damage Centre« in Grimsö, soll stattdessen geeignete »Maßnahmen zur Herstellung der Fluchtdistanz« durchführen.

Dafür verfolgt er den Wolf drei Tage lang erfolglos, seine Flinte samt Gummigeschossen geschultert. Die Mission ist, Kurti einen Denkzettel aufs Fell zu brennen. Worauf dieser den Geschmack an menschlicher Zivilisation und Hundeanknabbern verlieren möge.

Minister Wenzel fügt noch einmal hinzu, dass er Kurti grundsätzlich noch immer für einen wertvollen tierischen Mitbürger halte, egal, was sein Ministerium auch immer anordne: »Ich bin der Auffassung, dass wir es hier mit einem Tier zu tun haben, das ein wichtiger Teil des Ökosystems ist.« Schnell schwillt die Online-Petition an.

Mir schien (und scheint weiterhin) dieses Vergrämungs-Vorgehen von vornherein einen Denkfehler zu enthalten: Um eine Verhaltensänderung zu erzielen, wäre es ja von Vorteil, vielleicht sogar notwendig, den Wolf genau dann zu vergrämen, wenn er etwas unternimmt, was er nicht soll: durch ein Stadtviertel schlendern, junge Mütter verfolgen, Hunden ins Hinterteil beißen. Wenn man dem Wolf einfach nur so und irgendwo ein Gummigeschoss »anträgt« (Jägersprache!), lernt er ja zuallererst und insbesondere, in Zukunft lieber bestimmten (schwedischen) Vergrämungsschützen aus dem Weg zu gehen, oder eben allen Leuten, die seltsame längliche Gebilde mit sich führen, welche ab und zu Mündungsfeuerflämmchen ausspucken, und es danach wehtut.

Dass ihm Ungemach droht, wenn er Hunde kneift, hat er damit noch lange nicht gelernt. Wolfsfreunde geben ja gerne mit der hoch entwickelten Intelligenz des Wolfes an. Im Falle der Vergrämung wird er auf einmal dämlicher gemacht, als er es vermutlich ist.

Um den Wolf aber auf frischer Tat zu ertappen, bei einem ungewünschten Geschehen, müsste man ihn 24 Stunden permanent verfolgen und überwachen. Das ist ein maximaler Aufwand und wahrscheinlich gar nicht zu schaffen. Wir haben ja (im Frühjahr 2017) eine ähnliche Diskussion um die islamistischen »Gefährder«, denen mancher Sicherheitspolitiker gerne Fußfesseln mit Peilsendern anhängen möchte. Die elektronische Fußfessel wiegt 180 Gramm, ist so groß wie ein Smartphone. Alle 15 Minuten schickt sie ein GPS-Signal in den Äther, das militärische »Global Positioning System« arbeitet auf zwei Meter genau. In Deutschland tragen zurzeit rund 90 Menschen eine solche Fußfessel, die Funkdaten gehen an die IT-Stelle des Justizministeriums in Hessen, wo die Gemeinsame elektronische Überwachungsstelle der Länder (GÜL) angesiedelt ist. Per »Staatsvertrag« beteiligen sich alle Bundesländer an dieser Form der Überwachung.

Betreten die Überwachten bestimmte Verbotszonen, in denen sie sich nicht aufhalten dürfen, schlagen die Überwachungsrechner Alarm. Erst dann müssen die menschlichen Überwacher ran: Ein roter Punkt erscheint auf einer Karte, die Bewegung wird nachgezeichnet, die Geschwindigkeit registriert. Potenziell gewalttätige Freigänger werden sofort von der Polizei aufgesucht, alle anderen erst einmal nur angerufen.

Für die Offline-Observation einer Person rechnet die Deutsche Polizeigewerkschaft mit mindestens 25 beteiligten Personen – die Fußfessel erscheint da im Vergleich sehr attraktiv. Könnte das ein Vorbild auch für die Wolfsüberwachung sein? Diese Frage meine ich ernst und unernst zugleich.

Die Hatz auf Kurti geht derweil weiter, per Flugzeug wird er geortet. Doch plötzlich erweist sich der Wolf als sehr distanziert. Der Vergrämer kommt nie dicht genug heran, um sicher zu treffen. Das Umweltministerium beurteilt das Geschehen in einer Pressemitteilung als durchaus positiv und schreibt: »Im Zusammenhang mit den Vergrämungsmaßnahmen kam es zu acht Begegnungen mit dem Tier; es wurde jedoch nicht geschossen.« Das Fazit lautet: »Wolfsrüde zeigt ausgeprägtes Fluchtverhalten.«

Wenig später schwenkt das Umweltministerium in Sachen »Das Land Niedersachsen gegen Wolf Kurti« plötzlich um. Erst ist noch von einem zweiten Einsatz des Vergrämungskünstlers die Rede. Dann davon, Kurti einzufangen und in ein Tiergehege zu bringen, lebenslänglich. Aber alle Parks, die infrage kommen, lehnen dankend ab. Es sei Tierquälerei, einen wilden Wolf einzuhegen. Kurzzeitig steht auch im Raum, der Wolf solle betäubt und eingeschläfert werden. Bis schließlich der polizeiliche Scharfschütze das Geschehen zu Ende bringt.

Von einer geraden Linie in der Argumentation und beim Handeln kann da wohl keine Rede sein. Lang hatte der grüne Landesumweltminister Stefan Wenzel seine schützende Hand über das Tier gehalten. Bei der Pressekonferenz zum Wolfsabschuss ist er sehr zerknirscht: »Über diesen Ausgang kann sich niemand freuen.«

Womit er sich gründlich irrt. Auf den einschlägigen Wolfshasser-Seiten und in den Kommentarspalten im Netz wird gejubelt, wie in dieser einen Reaktion: »Ohh da ist ja plötzlich Vernunft eingekehrt. Auf dass alle von diesen Killerbestien zu Bettvorlegern werden.«

Was die Geschehnisse rund um Kurti zeigen: Noch gibt es kein standardmäßiges Vorgehen bei distanzgeminderten Wölfen, das wirklich überzeugt. Die stufenweise Reaktion, die eine Vergrämung einschließt, hat ohnehin einen entscheidenden Nachteil: Sie funktioniert, wenn es gut läuft, nur in einem Drittel der Fälle. Und das Schießen mit Gummigeschossen selbst ist auch nicht ohne, die Wölfe können dabei, wenn es nicht optimal läuft, verletzt werden. Was die Vergrämung hingegen bringt: einen Zeitgewinn für die Behörden und die Freunde der jeweiligen Wölfe.

Ganz sicher aber ist mit dem Abschuss von Kurti kein Präzedenzfall geschaffen worden, und auch nicht vorgeführt, wie ein »normaler« Umgang mit einem auffälligen Wolf aussehen könnte. Es sind auch keine »Dämme gebrochen«, wie viele Wolfsfreunde es befürchteten: Seit Kurti ist kein weiterer Wolf in Deutschland offiziell getötet worden, obwohl es weitere Versuche gab, auf die ich gleich kommen werde.

Zwei traurige Nachträge in Sachen Kurti gibt es vorher noch. Der erste: Im Frühsommer 2016 stirbt **193** dann auch noch seine Schwester, bei einem Verkehrsunfall, so wurde zunächst vermutet. Später stellt sich heraus: Sie wurde totgebissen. Von wem, ist nicht bekannt. Denn auch jener Munster-Wolf desselben Jahrgangs, der in Schleswig-Holstein bei Mölln tagsüber eine Schafherde angriff und sich partout nicht vertreiben lassen wollte, gilt weiterhin als verschollen.

Der zweite Nachtrag: Kurti konnte man sich letztens ausgestopft im Landesmuseum in Hannover im Rahmen der Sonderausstellung »Der Wolf. Ein Wildtier kehrt zurück« ansehen. Das Ergebnis sah scheußlich aus, ein bisschen wie Wile E. Coyote von der Looney Tunes-Trickfilmserie. Bilder finden sich im Netz. Mir fehlen weitere Worte, das groteske Präparat adäquat zu beschreiben.

• • • • •

Seit der Exekution des dürren Kerlchens aus Munster hat es – wie gesagt – keinen vollzogenen angeordneten Abschuss mehr gegeben. Wohl aber zwei Wölfe auf der Abschussliste. Einer davon tauchte ausgerechnet bei Rietschen auf, dort befindet sich das Büro der Wolfsaufklärungsdamen vom »Kontaktbüro Lausitzwolf«. Um die Jahreswende 2016/2017 herum geht hier »Pumpak« um, der »Fette«. Es stellt sich schnell heraus: Der füllige Rüde ist ein knapp Zweijähriger aus dem polnischen Ruszów-Rudel, dessen Territorium über die Neiße bis nach Sachsen reicht. Ruszów, ein Örtchen mit unter 2.000 Einwohnern, liegt etwa 30 Kilometer Luftlinie von Rietschen in gerader östlicher Richtung entfernt. Von dort aus in Rietschen vorbeizuschauen, das ist in etwa so aufwendig, wie für unsereins zum nächsten Penny-Markt zu gehen.

Ein Vorschlag: Sollen wir, Autor und LeserInnen gemeinsam, den Pumpak ab jetzt »Pummelchen« nennen? Das klingt netter als »Fetter«, und in diesem Falle wäre dann auch schon die Frage geklärt, wer den Wölfen die Namen gibt. Einverstanden? Danke!

Pummelchen jedenfalls soll einschlägig bekannt sein, schon in seiner Heimat die Schnauze zu tief in Mülltonnen gesteckt haben. Polnische Wissenschaftler informierten darüber, dass der Wolf als Welpe von Menschen gefüttert worden war, ein Muster, das wir bereits kennen. Er scheint nun ein bisschen bequem geworden zu sein und auf »Fast Food« zu stehen. Sogar an einem frisch gebackenen Kuchen, den die Herstellerin zum Auskühlen vor die Terrassentür gestellt hatte, soll sich Pumpak vergangen haben. Er durchsucht auch mit Vorliebe Komposthaufen, ernährt sich von Grünzeug.

Das klingt alles schön harmlos. Fast 100.000 (Online-)Stimmen rufen: »Pumpak muss weiterleben!« Doch das Land Sachsen gibt erstmals einen Wolf zum Abschuss frei. Das zuständige Landratsamt lässt sich vom sächsischen Umweltministerium die Sondergenehmigung zur »Entnahme« erteilen: Die Sicherheit von Menschen habe Vorrang vor dem Artenschutz, das Ministerium sieht die Gefahr einer weiteren Eskalation. Bei Tierschützern und einigen Verbänden (wie dem Naturschutzbund NABU) stoßen die Pläne auf heftige Kritik: Man habe das Vergrämen nicht ausprobiert, Pummelchen habe weiterhin auch keinerlei aggressives Verhalten aufgezeigt: Er wurde zwar oft beobachtet, bei Kontakt mit Menschen zog er sich bislang tatsächlich immer zurück.

Und wieder spielt der Faktor Zeit eine Rolle. Denn eine Ausnahmegenehmigung zum Abschuss ist in etwa so haltbar wie ein 6er-Pack Bioeier, das ich heute kaufe: nach rund vier Wochen läuft sie aus. Pummelchen taucht unter, kaum dass die einstweilige Erschießung gegen ihn verhängt wird.

Langsam frage ich mich: Erkennen wir hier ein Muster? Werden verfolgte Wölfe vielleicht von einem »Maulwurf« in den verfolgenden Behörden gewarnt? Die Abschussgenehmigung läuft aus. Eine neue wird nicht ausgestellt. Ohnehin steht das Vorgehen des Landratsamts in der Kritik von Naturschutzverbänden: Der Landkreis Görlitz und das Umweltministerium Sachsen hatten nämlich ganz ohne die Beratung von Experten den Abschuss beantragt und durchgewunken. Insbesondere hätte man sich ja an die zu diesen Zwecken neu gegründete Dokumentations- und Beratungsstelle des Bundes zum Thema Wolf (DBBW) wenden können, die sich auch noch in der Görlitzer Niederlassung des Senckenberg-Instituts befindet, also in Laufweite (bei den »Kackologen« aus Kapitel 5). Nun sahen die Wolfsforscher wieder die Gelegenheit, den Wolf zu fangen, besendern und zu vergrämen. Passiert ist wieder einmal nichts. Das Pummelchen hat sich anscheinend nachhaltig verdünnisiert.

• • • • •

23.000 Einwohner hat Rathenow, rund 70 Kilometer westlich von Berlin gelegen, und nennt sich »Stadt der Optik«. Hier entwickelte um das Jahr 1800 Johann Heinrich August Duncker die erste »Vielspindelschleifmaschine« zur Herstellung hochwertiger Brillengläser. Optikfirmen aus Rathenow stellten später Linsen für vielfältigsten Gebrauch her, vom Mikroskop bis zur Leuchtturm-Optik. Im Brennglas des überregionalen öffentlichen Interesses ist im Rathenow des Dezembers 2016 ein Wolf, der rund eine Woche lang im westlichen Stadtgebiet herumgeistert. Es kommt zu den üblichen Beobachtungen in der Nähe einer Schule und eines Kindergartens. Der Leiter einer Grundschule erzählt, dass Schüler den Wolf täglich zu sehen bekämen. Wie schon sein Namensvetter aus Rietschen durchwühlt der Komposthaufen. Einem Kind soll er sich »bis auf zwei Meter genähert«, es umkreist und dabei »beschnuppert« haben. Die Behörden reagieren schnell und durchaus sinnvoll: Sie stellen Hinweisschilder auf mit Grundregeln für den richtigen Umgang mit Wölfen.

Das Tier wird bald wegen nicht abreißender Meldungen von Sichtungen zum Problemwolf ernannt. Was vor allem ihm Probleme macht, weil nun im Sinne des Brandenburger Wolfsmanagementplans die für einen solchen Fall vorgesehenen Mechanismen in Gang gesetzt werden. Möglicherweise handele es sich um einen kranken Wolf, wird gemutmaßt. Weil er nicht ordentlich jagen könne, lebe er von der Pfote im Munde und suche deshalb auch nach Küchenabfällen. Eine Kita-Leiterin berichtet der örtlichen Zeitung, dass sie

»vom Fenster aus mitten am Tag gemeinsam mit den Kindern einen Wolf im Garten beobachtete, der dort unter einem Baum Äpfel fraß«.

Ein Wolf isst einen Apfel – ist das schon der Sündenfall? Muss er aus dem Paradies vertrieben werden? Als Höhepunkt der Rathenower Heimsuchung auf vier Pfoten kann der Besuch des Tiers in einer Autowaschanlage betrachtet werden. Er ist auf YouTube anzusehen, aufgenommen mit der Überwachungskamera: Ein Wolf trabt durch die Anlage, kommt heraus, blickt noch einmal irritiert über die Schulter, macht sich dann flugs aus dem Staub.

Experten der Umweltschutzbehörden auf Kreis- und auf Landesebene beraten sich, es geht dieses Mal sehr schnell. Sie beschließen, »im Interesse der öffentlichen Sicherheit« den Wolf »zu fangen beziehungsweise zu töten«. Das Umweltamt des Landkreises schickt eine Mail an verschiedene Naturschutzverbände, mit der Bitte um Stellungnahme. Der NABU Brandenburg sagt: »Der Wolf hat sich sehr oft und sehr weit in besiedeltes Gebiet begeben. (…) Sicherheit geht vor. Wir tragen die Entscheidung mit.« Weil in der Stadt nicht geschossen werden darf, ist der Plan, den Wolf in einer von mehreren aufgestellten Lebendfallen zu fangen und ihn von einem Tierarzt töten zu lassen. Aber kaum steht das in den Zeitungen, ist der Wolf schon wieder verschwunden. Auch er hat sich verdünnisiert.

Vermutlich kehrt der Tankstellen-Wolf in sein angestammtes Revier zurück: den Truppenübungsplatz Klietz, der westlich von Rathenow liegt, nur ein paar

Kilometer entfernt, aber schon in Sachsen-Anhalt gelegen. Hier lebt seit 2016 ein mindestens neunköpfiges
Rudel, die Jungen stammen aus dem Mai des Jahres,
eventuell eines oder mehrere auch aus 2015. Ein beeindruckendes Video von Anfang September 2016 zeigt
die ganze Familie, an einem sonnigen Morgen um halb
neun, schlendernd über kargem, sandigem Grund. Alle
wirken extrem entspannt, während im Hintergrund
gleichmäßiges Waffengeknatter zu hören ist, eventuell
auch ein Hubschrauber.

Die örtliche Revierförsterin vermutet, dass der
Rathenow-Wolf ein Jungtier auf Auslauf war, das sich
nebenbei ein paar Brocken zu fressen gesucht habe,
eben weil es sie gab: »Wölfe wittern so etwas, und wenn
sie es einfach bekommen können, verschmähen sie es
nicht.«

Auf dem Übungsplatz gibt es eigentlich genug Wild.
Die Mufflons, ursprünglich über 100 Tiere, sind allerdings wohl schon nahezu ausgerottet. Wenn es stimmt,
was die Försterin sagt, und es spricht ja im Nachhinein
viel dafür, dann war der Rathenower Wolf, obwohl es
doch für einige Tage so aussah, nicht »habituiert«, also
an Menschen gewöhnt, weil er zum Beispiel Futter hin-
geworfen bekam. Sondern nur unterwegs im Rahmen
seiner jugendlichen Lehr- und Wandermonate. Dafür
spricht sein plötzliches Nimmerwiedersehen. Dann
allerdings wäre seine (geplante) Tötung nicht wirklich
nötig gewesen.

Die verschiedenen Fälle von Annäherungen zeigen, wie schwierig es ist, eine richtige Beurteilung zu

finden. Die Erfahrung legt aber auch nahe, dass die verstrichene Zeit von der Ankündigung eines Fangversuchs bis zum tatsächlichen Aufstellen von Fallen ungefähr jene Spanne umfasst, die jenen Wolf, der mal eben auf Stippvisite vorbeikommt, von einem solchen unterscheidet, der wirklich langfristig in menschlicher Nähe zu leben gedenkt.

· · · · ·

Der schnelle Entscheid zum Abschuss des Rathenower Wolfs durch die Brandenburger Behörden passt zu einer Mitteilung, die das Umweltministerum dann Ende Mai des Jahres 2017 herausgibt, also rund ein halbes Jahr später: Im Rahmen des ersten Entwurfs einer neuen Wolfsverordnung möchte man fortan sicherstellen, dass die Verwaltungen von Kommunen, Kreisen und des Landes »rechtssicher und schnell auf kritische Situationen mit der streng geschützten Tierart Wolf reagieren können«. Die geplante Überarbeitung des Brandenburger Wolfmanagementplans solle deshalb auch eine »Wolfsverordnung zur Entnahme von Problemwölfen« enthalten. Das Bundesland sieht sich damit als bundesweiten Vorreiter und stößt eine gemeinsame Vorgehensweise an. »Die bisherigen Erfahrungen aus ganz Deutschland zeigen, dass diejenigen, die vor Ort Entscheidungen treffen sollen, einen einheitlichen Maßstab an die Hand bekommen müssen, wann aus einem Wolf ein Problemwolf wird, welche rechtlichen Grundlagen zu beachten sind und wie gehandelt werden kann«, ist auf der Homepage des Landesumweltministeriums zu lesen.

Das wäre eine erfreuliche Entwicklung – allerdings argumentiert das Umweltministerium ausgerechnet mit dem Tankstellen-Wolf, der ja eher kein so gutes Beispiel ist.

Einen bundesweit einheitlichen Umgang mit dem Thema forderten übrigens wenige Tage zuvor schon der NABU und der International Fund for Animal Welfare (IFAW) in einer »kritischen Bilanz des Wolfsmanagements der Bundesländer, insbesondere im Umgang mit auffälligen Wölfen«. Die Verbände wünschen sich die Einbeziehung des schon weiter oben genannten Bandwurm-Gremiums »Dokumentations- und Beratungsstelle des Bundes zum Thema Wolf«. Das DBBW hat zu diesem Zeitpunkt, 15 Monate nach seiner Gründung, allerdings noch keine Gedanken oder gar eigene Leitlinien für Konfliktfälle auf seiner Homepage (www.dbb-wolf.de) eingestellt. Doch genau von dieser Stelle würde man sich ein paar klare Worte zum Umgang mit auffälligen Wölfen wünschen.

· · · · ·

Während ich diese Absätze noch einmal lese, lasse ich einen Familienurlaub in Gedanken Revue passieren, der mich im Sommer 2016 ins Milower Land führte. Wir wohnten in Bahnitz in einer Ferienwohnung in einem alten, ausgebauten Vierseitenhof. Durch die große Scheune ging es nach hinten auf eine große Wiese hinaus; von der Wiese auf einen Feldweg, rechts zur Badestelle an der Havel, links zur kleinen Landstraße mit Betonplatten und Rasenstreifen in der Mitte. Ein

Kälbchen stand hier allein auf einer kleinen Weide, es gab eine Straußenfarm und eine Wiese mit Gänsen.

Keines dieser Tiere war auch nur ansatzweise geschützt gegen einen Wolfsangriff. Dabei liegt die Klietzer Heide auch von Bahnitz nur mal 20 Kilometer Luftlinie entfernt, nach Rathenow sind wir häufig zum Einkaufen gefahren. Als selbsternannter Familien-Wolfsexperte langweilte ich die Urlaubsteilnehmer gerne mit spontanen Kurzreferaten zum Thema, und mit Blick auf die Karte ernannte ich den Truppenübungsplatz zum potenziellen Wolfsrevier – nicht wissend, dass die Invasion schon längst stattgefunden hatte.

Wenn schon mir so eine nicht besonders gewagte Vorhersage gelingt – warum wird hier nicht von wirklich berufener Seite schon im Vorfeld massiv Aufklärungsarbeit betrieben, damit der erste Wolf im Dorf nicht auch der Wolf ist, der das erste Kalb, den ersten Strauß in der Gegend reißt? Schließlich dürfte das Faible der Wölfe für Kriegsspielplätze ja als weithin bekannt gelten.

Vielleicht ist auch hier wieder der Föderalismus schuld: Sehr gut möglich, dass die Bundesländer Sachsen-Anhalt und Brandenburg keinen intensiven Austausch über das Klietzer Rudel pflegten. Offiziell lebt es ja in Sachsen-Anhalt.

• • • • •

Wenn einzelne Wölfe sich, insbesondere während der Wintermonate bis in den März hinein, einige Male Menschen nähern, dann heißt das noch gar nichts.

Es sind meistens Jungwölfe, die herumstromern, das haben wir ja schon gelernt. Wenn ein Tier längere Strecken durch die deutsche Landschaft läuft, muss es ja notgedrungen an die Ränder von Siedlungen stoßen. So erklärt sich eine Vielzahl von Begegnungen, die es in die Nachrichten schaffen oder als wackeliges Handyvideo auf YouTube landen. Meist zeigen die jungen Wölfe kurzes Interesse für die Menschen, dann überwiegt der Instinkt, sich zu entfernen. Auch wenn sich Wölfe für Hunde interessieren, die im Wolfsrevier ausgeführt werden, gehört das in den meisten Fällen zum normalen Verhaltensrepertoire und bedeutet eher keine Gefahr.

Doch wenn Wölfe wiederholt die Nähe zu Menschen suchen, dann liegt etwas im Argen. Nähert sich ein Tier mehrere Male dreist dem Menschen, dann gibt es dazu aber in der Regel eine Vorgeschichte. Am wahrscheinlichsten ist, dass ein solches Individuum schon sehr früh in seinem Leben positive Erfahrungen mit Menschen gemacht hat. Deshalb steht in solchen Fällen schnell der Verdacht im Raum, dass verhaltensauffällige Wölfe als Welpen von Menschen gefüttert worden sein könnten. Es sind also Probleme Hausmacherart. Für Munster ist das so gut wie zweifelsfrei belegt. Deshalb fordert nicht nur der NABU, das Füttern von Wölfen unbedingt zu verhindern. Denn ein heute angefütterter Wolf wird mit hoher Wahrscheinlichkeit morgen ein toter Wolf sein.

Es gibt aber Menschen, die wölfische Nähe suchen. Wolfsfans, die einmal so ein Tier sehen wollen. Oder ein

Foto von ihm machen möchten. Die Tierfotografie und -filmerei könnte meiner bescheidenen Meinung nach ohnehin ein bislang übersehenes Problem sein. Denn auch Fotografen nähern sich den Objekten ihrer optischen Begierde auf kurze Distanz und über längere Zeiträume. Danach wird schon einmal voller Stolz erzählt, wie der Welpe direkt gegen die Linse des Teleobjektivs getappt ist. Angeblich verwenden Profi-Tierfotografen Sprays, die den menschlichen Geruch überdecken und somit eine Gewöhnung an ihn verhindern sollen. Aber wirkt so ein Mittel auch nachhaltig, wenn der Fotograf zum Beispiel über viele Stunden unter dunkler Tarnung in der Heidesonne vor sich hin schmort?

Wenn der Kontakt Mensch-Wolf die spätere Kontaktaufnahme Wolf-Mensch befördert, dann sollte es doch Ziel sein, ersteren Kontakt möglichst weitgehend einzuschränken. Zum Beispiel, in dem die Kernzonen der Wolfsgebiete – insbesondere die Rendezvousplätze (siehe Kapitel 5) als Schutzzonen ausgewiesen und vielleicht auch zeitweilig gesperrt werden.

Auch scheint mir, als gäbe es tatsächlich inzwischen genügend herzerwärmende Fotos von niedlichen Wolfswelpen auf sommerlichen Waldwiesen, um auch in Zukunft alle behördlichen Aufklärungsbroschüren so zu bebildern, dass sie die Harmlosigkeit der Wölfe glaubhaft versichern.

· · · · ·

Während ich in den letzten Zügen der Arbeit an diesem Buch bin, gibt es erneut Meldungen von einem

Wolf, der im Heidekreis ein »unnatürlich auffälliges Verhalten« zeigen soll. Zentrum der Aufmerksamkeit ist Schneverdingen, rund 20 Kilometer Luftlinie nordwestlich von Munster gelegen. »Für die Sicherheit des Menschen und den Schutz des Wolfes muss auch in diesem Fall rasch überprüft werden, ob der Wolf eventuell angefüttert wurde und darin die Ursache des potentiell auffälligen Verhaltens liegt«, schreibt der NABU in einer Pressemitteilung.

Ich erinnere mich, den Namen Schneverdingen bereits einmal im Zusammenhang mit einem aufgefundenen Welpen gehört zu haben. Tatsächlich: Auf *www.ndr.de* entdecke ich den Hinweis: »In Schneverdingen finden Spaziergänger am 20. Juni 2016 einen hilflosen Welpen. Er wird in einer Wildtier-Auffangstation aufgepäppelt. Eine Genprobe zeigt: Das kleine Wolfsweibchen gehört zum mittlerweile achten Rudel in Niedersachsen. Das Rudel lebt im Raum Schneverdingen.« Das kleine Wolfsweibchen wird nach ein paar Tagen wieder ausgesetzt.

Ist aber genau das nicht eine tolle Gewöhnung an den Menschen? Die Aktion jedenfalls hatte den Segen des niedersächsischen Wolfsbüros, der Unteren Naturschutzbehörde, des Umweltministeriums und der Dokumentations- und Beratungsstelle des Bundes zum Thema Wolf (DBBW).

· · · · ·

Nur ein winziger Prozentsatz der deutschen Wölfe muss bislang wirklich als verhaltensauffällig angesehen werden. Trotzdem werden die Zahlen sehr wahrscheinlich zunehmen. Ganz einfach: weil die Wölfe sich sehr schnell ausbreiten und mehr werden. Sie etablieren sich zunehmend auch in menschennahen Gebieten. Das allein wird dafür sorgen, dass sie sich in einem gewissen Maße an Menschen gewöhnen.

Es ist an uns, ihnen keine »Einstiegsdrogen« anzubieten, um dieses Maß an Gewöhnung wachsen zu lassen. Das heißt: nicht füttern, auch keine Futterquellen wie pralle Mülltonnen am Ortsrand anbieten. Es heißt auch: im Zweifel immer Abstand von Wolfsgebieten halten, egal ob man nun Jogger, Fotograf oder Forscher ist. Auch der effektive Schutz von Weidetieren zahlt auf dieses Konto ein: Wo immer Weidevieh ist, dürfte auch menschliche Witterung vorhanden sein.

Wenn Wölfe sich trotzdem nähern, sollte es eine verlässlich funktionierende, transparent aufgebaute Handlungskette geben, die zu für alle nachvollziehbaren Entscheidungen innerhalb klar definierter Zeitspannen kommt.

Doch alle Diskussionen über Abschießen oder Lebenlassen haben ein gemeinsames Wasserzeichen: Die Frage nämlich, ob Wölfe für Menschen wirklich gefährlich sind. Genau dieses Themenfeld soll im folgenden Kapitel behandelt werden.

2013 schließlich rückt von Süden her ein anderes Rudel in Richtung Nochten. Das eingesessene Wolfspaar gerät zwischen die Fronten eines Territorialstreits. Sie sind alt geworden, schwächer, und können sich auf Dauer nicht mehr verteidigen. Auch die Jagd ist anstrengender. Schließlich trifft Einauge auf einen Widersacher, mit dem sie in einen heftigen Kampf verwickelt wird. Dieses Mal sind die Verletzungen so stark, dass sie erst viel Blut verliert und schließlich stirbt. Auch ihr Partner verschwindet spurlos.

WER WILL DIE WAHRHEIT HÖREN?
Vom Wolf als Todesursache

In der Schule von Chignik Lake steht ein Glaskasten mit einem ausgestopften Wolf darin. Er gilt als Maskottchen des kleinen Örtchens auf der Alaskahalbinsel, die sich wie der Sporn eines Einhorns weit in den Pazifik schiebt und ihn von der Beringsee trennt. »Der Wolf ist ein guter Warnhinweis: Denk daran, was da draußen in der Wildnis auf dich warten könnte. Sei jederzeit bereit!«, schreibt die aus Pennsylvania stammende Lehrerin Candice Berner im Winter 2010 auf ihrem Reiseblog. Candice, eine kleine, energiegeladene Frau, war wenige Monate vorher im Herbst in die 70-Seelen-Gemeinde gezogen, ein extrem abgelegenes Fleckchen Erde, nur per Boot oder durch die Luft erreichbar. Fünf Monate lang füllte sie ihren Blog mit begeisterten Texten über ihre neue Heimat.

Nach dem 8. März 2010 aber gibt es keine neuen Einträge mehr. Es ist der Tag, an dem die 32-Jährige am Rand der einzigen Straße gefunden wird, die aus dem Ort herausführt und an der Mündung des Chignik River endet. Blutspuren im Schnee hatten Schneemobilfahrer am frühen Abend auf die Leiche der Frau aufmerksam gemacht, die unweit des Weges mit zerrissener Kehle und von Wildtieren angefressen im Schnee lag. Die Männer fuhren in die Stadt, um den grausigen Fund zu melden, einer blieb, um Wache zu halten. Der bemerkte dann einen Wolf, der sich näherte.

Dem Mann wurde mulmig, auch er fuhr in die Stadt. Als alle an den Fundort zurückkehrten, war die Leiche noch ein Stück verschleppt worden. Sie trug auch neue Fraßspuren.

Zwei Beamte der Alaska State Troopers und der Wildbiologe Lem Butler von der staatlichen Jagd- und Fischereibehörde ADF&G untersuchen den Tatort. Direkt um die Leiche herum sind schon einige Spuren zerstört, das Gesamtbild des Vorfalls lässt sich wegen der Schneelage trotzdem sehr detailliert erkennen.

Am 8. März 2010 erreicht die Temperatur ein Hoch von minus 4,5 Celsius und sinkt bis auf minus 8 Grad. Tagsüber ist es bedeckt, der Westwind weht mit durchschnittlich fast 40 km/h, bei Höchstgeschwindigkeiten von mehr als 90 km/h in Böen. Schneefall und Verwehungen reduzieren die Sicht. Das hält die Lehrerin nicht davon ab, am späten Nachmittag die Laufschuhe anzuziehen. Um 17.10 Uhr versendet sie noch ein Fax an die Bezirksbehörde, danach läuft sie los, auf der einzigen Überlandstraße. Die führt nach Osten, zur Mündung des Flusses.

Candice Berner läuft Richtung Osten, rund zwei Meilen vom Ort entfernt, als sie auf eine Gruppe von Wölfen trifft, die ihr genau entgegenkommt. Der Angriff erfolgt im noch hellen Tageslicht, etwa anderthalb Stunden vor Sonnenuntergang. Die Winddaten lassen die Vermutung zu, dass die Wölfe die Lehrerin bereits gewittert haben könnten und gezielt auf sie zugingen.

An einem Punkt der Strecke, vermutlich nach dem ersten Sichtkontakt, dreht die Joggerin abrupt um und rennt zurück in die Richtung, aus der sie gekommen war. Man kann annehmen, dass dies eine spontane Fluchtreaktion war und sie in Richtung der Siedlung lief, weil sie Angst hatte. Die Spuren deuteten darauf hin, dass der Kampf kurz war, der Tod schnell eintrat. Aufgrund der Anzahl und Größe der Wolfsfährten ist es wahrscheinlich, dass mindestens zwei, vielleicht sogar vier Wölfe am Angriff beteiligt waren oder später die Beute aufsuchten.

Die Behörden handeln schnell und hart: Alle Wölfe der Umgebung sollen getötet und untersucht werden. Einerseits um die Bevölkerung zu schützen, andererseits auch, um die Wölfe zu untersuchen und herauszufinden, welche Umstände zu diesem tödlichen Ereignis geführt haben könnten, das für die vergangenen rund 60 Jahre in Nordamerika einzigartig ist.

Dreimal werden nun rund um Chignik Lake Wölfe gejagt, insgesamt neun Individuen, acht können getötet werden. Sechs davon sind in gutem körperlichen Zustand, zwei wirken abgemagert. Dies ist nun der erste Fall überhaupt, in dem DNA gesammelt wurde, um den Tod eines Menschen nach einem Angriff von Wölfen eindeutig zu belegen. DNA, kriminaltechnische Proben und Zeugenaussagen zeigen, dass Candice Berner am Abend des 8. März 2010 bei einer Begegnung mit gesunden Wölfen getötet wurde: »Dies scheint ein kurzer, aggressiv-räuberischer Angriff gewesen zu sein«, steht im Bericht.

Die Auswertung der DNA-Spuren vom Opfer und die Proben der Wölfe ergaben, dass alle Tiere demselben Rudel angehören und dass mindestens ein Wolf (eine kerngesunde Fähe), wohl aber eher bis zu vier Wölfe am Angriff beteiligt waren. Bei der Suche nach offensichtlich den Angriff im negativen Sinne begünstigenden Umständen werden die Ermittler nicht fündig: Weder gibt es zu dem Zeitpunkt einen Mangel an Futter, noch sind im Vorfeld Wölfe in der Nähe der Siedlung gesichtet worden. Niemand hat dort Wölfe angefüttert. Der einzige erlegte Wolf, der nachweislich am Geschehen beteiligt war, hat laut Bericht einen »hervorragenden Gesundheitszustand«. So ist die wahrscheinlichste Hypothese, dass Candice Berner bei Sichtkontakt der Wölfe in Panik umdrehte und so den Anblick flüchtender Beute gab.

. . . . .

Wolf tötet Mensch: Das galt die längste Zeit nach der Rückkehr von Wölfen in Gebiete, in denen sie vorher ausgerottet worden waren, als völlig ausgeschlossen. Zumindest in der Broschürenprosa von Behörden und Naturschutzverbänden, die nicht müde wurden zu sagen: »Der Mensch gehört nicht zum Beutespektrum des Wolfs.« Das galt für die USA (zu denen Alaska ja gehört) ebenso wie für Deutschland. Wobei die Anmerkung mit dem Beutespektrum ja streng genommen nicht besonders viel aussagt.

Wenn man dann näher nachfragte, so antworteten Personen, die im Amt oder in einem Verband mit dem Wolfsschutz betraut waren, oft durchaus differenzierter. Im Sinne von: »Na klar, das ist ein Wildtier. Deshalb kann, sehr theoretisch, immer mal etwas passieren.« Fürs breite Volk aber galt in der Regel die abwiegelnde Version, in der bewährten »Rotkäppchen«-Rhetorik: »Wer glaubt, dass Wölfe so was tun, der glaubt auch noch an Märchen.«

Natürlich ist auch nach dem Angriff auf Candice Berner die Wahrscheinlichkeit, in Deutschland oder sonst wo in der westlichen Welt von einem Wolf massiv angegriffen oder getötet zu werden, absolut gering. Der gerne zum Vergleich herangezogene Sechser mit Superzahl im Lotto hinkt, weil er ja fast wöchentlich passiert. Und da ist die Chance 1 : 140 Millionen.

· · · · ·

Laut eines Artikels im Wissenschaftsmagazin »Nature« aus dem Jahr 2016 sind in den vergangenen 60 Jahren in Nordamerika, Europa und Russland 700 Berichte über Attacken von Raubtieren auf Menschen gesammelt worden. Die Mehrzahl der Täter waren Kojoten und Pumas in Nordamerika, Braunbären in Europa und Eisbären in der Arktis. Wölfe spielen praktisch keine Rolle: In Nordamerika fand jährlich im Schnitt weniger als eine Attacke statt. In Europa waren die Fälle so selten, dass sie nicht berücksichtigt wurden.

Anfang der 2000er-Jahre hat es gleich zwei große Studien zum Thema Wolfsangriffe gegeben, bekannt unter den Namen NINA- und McNay-Studie. Anstoß für letztere der Untersuchungen war das Gefühl, dass sich die Aufeinandertreffen von Mensch und Wolf damals durchaus häuften. Gesucht wurde nach Ursachen und Auslösern.

Die Forscher beider Studien hatten Gespür für ein Thema, das in der Luft lag: Sie wurden vor den Todesfällen von Candice Berner und auch von Kenton Carnegie veröffentlicht. Der 22-Jährige wurde 2005 in Saskatchewan von Wölfen angefallen und getötet, die schon längere Zeit rund um ein Wildniscamp als aggressiv aufgefallen waren. McNay schilderte bereits eine ganze Reihe von unangenehmen Vorkommen, zum Beispiel von weggezerrten Kindern, die fast alle in touristischen hochfrequentierten Naturschutzgebieten spielten, wobei die Wölfe sich schon stark an die Gegenwart von Menschen gewöhnt hatten und sich auch von Müll ernährten.

Da ist zum Beispiel Fall 15 aus McNays doch recht gruseliger Sammlung: Im April 2000 nähert sich bei Icy Bay, ebenfalls in Alsaska, ein Wolf zwei Jungen, sechs und neun Jahre alt. Die machen sich aus dem Staub, der kleinere der beiden wird aber von dem Wolf geschnappt. Als dieser von Erwachsenen angegangen wird, versucht er, seine Beute wegzuschleppen. Zehn Minuten später wird er geschossen. Es stellt sich heraus: Der schmächtige Rüde trug früher einmal einen Sender, er war nicht scheu, unter anderem, weil er vermutlich wiederholt von Straßenarbeitern gefüttert wurde. Der Junge kommt mit einem großen Schreck und 19 Wunden an Rücken, Beinen und Gesäß davon.

Die NINA-Studie, benannt nach dem Norwegian Institute for Nature Research, schaut sich Wolfsangriffe mit und ohne Todesfolge weltweit an, und das über einen Zeitraum von rund 500 Jahren. Das ist harte Arbeit: »Informationen über Wolfsübergriffe auf Menschen sind oft bruchstückhaft und von sehr unterschiedlicher Qualität. Aufgrund der Datenherkunft mussten wir viele Berichte mit Vorsicht behandeln.« Historische Angriffe wurden nur bewertet, wenn Dokumente wie zum Beispiel Kirchenbücher vorlagen: »Wir suchten nach Mustern, die sich bei Wolfsübergriffen auf Menschen wiederholten. Basierend auf allen gesammelten Informationen besteht kein Zweifel, dass Wölfe in seltenen Fällen Menschen angriffen und töteten.« Die Forscher versuchen, nur eindeutige Fälle zu publizieren und solche auszuschließen, bei denen Wölfe sich vielleicht doch nur als »Nachnutzer« an einem Leichnam zu schaffen gemacht haben. Drei Typen von Wolfsangriffen isolierten sie: Angriffe tollwütiger Wölfe; Jagdverhalten, bei dem Wölfe anscheinend Menschen als Beute betrachtet haben; verteidigende Angriffe, bei denen Wölfe von Menschen in die Ecke gedrängt oder provoziert wurden und diese bissen.

Die größte Zahl der Attacken geht demnach auf das Konto der Tollwut: »Es scheint, dass Wölfe eine außergewöhnlich heftige Wutphase erleiden und in dieser Zeit bei einem einzigen Angriff bis zu 30 Menschen beißen können.« Berichte solcher Art wurden aus vielen verschiedenen Ländern rund um die Welt gesammelt, der älteste aus dem Jahr 1557 stammt aus Deutschland, der jüngste aus Lettland, aus dem Jahr 2001. Viele Beispiele fanden die NINA-Forscher, bei denen die Wölfe erst provoziert wurden und dann angriffen. In den meisten Fällen betraf das Schäfer, die ihre Herde verteidigen wollten und versuchten, den Wolf zu verjagen. Dabei wurde aber nie ein Mensch getötet. Bleiben die »grundlosen Angriffe von nichttollwütigen Wölfen auf Menschen«. Und die sind sehr selten: »Die breite Masse der Wölfe betrachtet Menschen auch nicht als Beute.«

Trotzdem berichtet die Studie von einer ganzen Anzahl von Berichten über räuberische Übergriffe: »In Europa kam der Großteil solcher Berichte aus der Zeit vor dem 20. Jahrhundert aus Frankreich, Estland und Norditalien, wo Historiker systematisch nach entsprechenden Niederschriften suchten. (…) Es scheint, dass in diesen drei Regionen zwischen 1750 und 1900 mehrere Hundert Personen getötet wurden.«

Berichte mit vielen Toten, meist Kinder, gibt es bis Ende des 19. Jahrhunderts in Schweden und Finnland. Bekannt sind die Fälle von Gysinge in Mittelschweden: 1820 und 1821 starben hier elf Kinder und eine Frau. Diese Fälle werden allerdings einem einzelnen Wolf zugeschrieben, der in Gefangenschaft aufgewachsen und entkommen war.

Seit dem 19. Jahrhundert gibt es Kunde über getötete Personen aus Indien: In den Regionen Uttar Pradesh, Bihar und Andhra Pradesh wurden seitdem mindestens 273 Kinder von Wölfen getötet. Diese Tendenz zum möglichst kleinen Opfer ist auch anderswo zu beobachten: Wenn Wölfe zuschlagen, holen sie sich gerne Kinder und Frauen. Es liegt also nahe, dass die **215**

Tiere gezielt vorgehen und sich weniger kräftige Opfer aussuchen. Tollwütige Wölfe hingegen gehen auf jeden los, der im Wege steht, wenn sie in ihrer Wutphase durch die Gegend rennen.

Nicht so fern von uns und gar nicht mal so lange her sind einige spektakuläre Fälle aus Spanien. Bei Vimianzo, westlich von La Coruña nahe der nordspanischen Atlantikküste, wurden von 1957 bis 1959 drei Kinder angegriffen, zwei ließen ihr Leben. Das erste Opfer starb am 25. Juni 1957: Ein Wolf stürzte auf zwei fünfjährige Jungen, die eine Straße entlangliefen. Der kleine Jésus Vazquez Perez wurde tödlich verletzt, seine Leiche später in einem Gebüsch gefunden. Sie trug Bissspuren an Kopf, Brust und Beinen. Der zweite Angriff erfolgte in einem benachbarten Dorf, fast genau ein Jahr später. Wieder attackierte ein Wolf zwei allein spielende Jungen, konnte aber vertrieben werden. Im 21. Juni 1959 griff ein Wolf zwei Vierjährige an, die allein draußen spielten. Er biss dem einen Jungen in den Rücken und verfolgte den zweiten. Ein hinzugeeilter Erwachsener konnte den Wolf vertreiben, der gebissene Junge aber verstarb kurze Zeit später. Im Spätsommer 1959 wurden in der Umgebung zwei Wölfe getötet, danach war Ruhe.

Eine ähnlich schreckliche Serie gab es 1974 bei Rante in der Region Ourense, südlich von Vimianzo und nördlich der Grenze zu Portugal gelegen. Vier Personen wurden angegriffen, zwei Kleinkinder starben. Als man die Übeltäterin vergiftet auffand, eine Fähe mit Welpen, zeigte sich, dass sie vorwiegend Hühner gejagt hatte. Alle Angriffe auf Menschen fanden in der Nähe von Hühnerfarmen statt. So scheint zumindest bei den letzten Fällen eine Gewöhnung an menschliche Gegenwart eine mögliche Ursache für die Übergriffe gewesen zu sein.

Auch in Deutschland hat es vor gar nicht so langer Zeit einen Todesfall gegeben. Hier spielte allerdings ein geflüchteter Gehegewolf die Täterrolle: Ein wenige Monate altes Jungtier entwischte bei einem Transport von Goldenstedt in Niedersachsen (den Ort kennen Sie noch aus Kapitel 8) nach Osterholz-Scharmbeck, wo es den örtlichen kleinen Tierpark bereichern sollte. Vier Tage trieb sich das Jungtier herum, noch nicht fähig, alleine erfolgreich zu jagen. So fiel es einen siebenjährigen Jungen an, der mit zwei Freunden am östlichen Stadtrand von Delmenhorst spielte. Der Junge starb, der Wolf wurde erschossen.

• • • • •

Die NINA-Forscher benennen neben Tollwut, Habituation und Provokation auch stark veränderte Lebensräume als eine Ursache räuberischer Übergriffe: »Die Wölfe nutzen vorwiegend Müllhalden und Haustiere als Nahrung«, wenn wenig bis keine Beute vorhanden ist. Unter diesen Bedingungen seien unbeaufsichtigte Kinder, die zum Teil auch noch Nutzvieh hüteten, leicht erreich- und überwindbare Opfer gewesen: »Es gehört einfach zur Ökologie der Wölfe, dass sie Menschen in solchen Situationen näher kommen, was wiederum zu den seltenen räuberischen Angriffen führte. Sobald

Wölfe sich von Menschen ernährten, taten sie es, bis sie selbst getötet wurden.«

Die Studie zeigt nach meinem Eindruck eines sehr deutlich: Der Wolf war dem Menschen in den vergangenen Jahrhunderten durchaus eine Geißel. In bestimmten Regionen haben Wölfe durch die Jahrhunderte Menschen angegriffen und getötet. Es ist daher wohl kein Wunder, dass sich schlechte Erinnerungen im kollektiven Gedächtnis festgebrannt haben. Auch die Forscher resümieren mit deutlichen Worten: »Diese Studie stellt fest, dass Wölfe durch die Jahrhunderte hindurch Menschen angegriffen und getötet haben. Es ist daher leicht zu erkennen, woher unsere kulturelle Angst kommt. Die Aufzeichnungen aus längst vergangenen Zeiten und der Neuzeit über Amok laufende, tollwütige Wölfe sowie die Berichte der gelegentlichen Tötungsserien an Kindern sind dramatisch, sogar aus unserer modernen, aufgeklärten Sichtweise. Aus dem 18. und 19. Jahrhundert heraus betrachtet, müssen diese Ereignisse der blanke Horror gewesen sein.«

Die NINA-Forscher haben nun eine Reihe von Vorschlägen zusammengetragen, um das heute »geringe Risiko, von Wölfen angegriffen zu werden, weiter zu senken«:

1. Jeder Wolf, der seine Scheu vor dem Menschen verliert und auf aggressive Art und Weise agiert, soll der Population entnommen werden. Wölfe sind »wild zu halten«, sodass sie Menschen nicht mit Nahrung assoziieren.

2. Das für Wölfe verfügbare Beutevorkommen kann in den meisten Regionen Europas als sehr gut bezeichnet werden. Es ist wichtig, darauf zu achten, dass es so bleibt und möglichst viele natürliche Lebensräume erhalten bleiben.
3. Die Tollwut ist in Westeuropa weitgehend verschwunden. Das muss auch weiterhin so bleiben. Deshalb müssen zumindest überall in Europa alle Hunde gegen die Tollwut geimpft werden.

· · · · ·

Die Wissenschaftler des Norwegian Institute for Nature Research finden dann wirklich erfrischende Worte zum Thema, insbesondere, wenn man an das in Deutschland übliche Drumherumgerede gewöhnt ist:

»Das vornehmliche symbolische Ergebnis dieser Studie ist, dass es an der Zeit ist, den Wolf nicht mehr als Teufel oder Gott zu betrachten. Ein Wolf ist ein Wolf. Von einer solchen Spezies können wir nicht erwarten, dass sie prinzipiell keine Menschen frisst – eine einfache und überall im Überfluss vorhandene Beute. Wir sollten froh sein, dass sie uns so sehr meiden, wie sie es tun, und versuchen, sie auf diesem Abstand zu halten.«

Selbst Candice Berners Vater will die Wölfe nicht für ihre tierischen Instinkte verantwortlich machen: »Ich hege keinen Groll gegenüber den Wölfen. Sie haben getan, was wilde Tiere manchmal tun.«

Einauges Kadaver wird nach Berlin geschickt und dort untersucht. Jetzt kommt heraus, dass sie in ihrem Leben mindestens zweimal angeschossen wurde. Die Wissenschaftler können belegen, dass die alten Verletzungen am Lauf und am rechten Auge auf Schrotkugeln und Metallpartikel zurückzuführen sind. Trotz dieser Beeinträchtigungen lebte Einauge ein für Wölfe ausgesprochen langes Leben. Das Schicksal vieler ihrer Kinder und Enkel ist ausführlich beforscht worden. Zusammen mit ihrer Schwester Sunny hat sie fast 90 Welpen aufgezogen. Man kann sagen: Ohne den bemerkenswerten Lebenslauf Einauges und ihrer Schwester Sunny hätte sich die neue deutsche Wolfspopulation nicht so dynamisch entwickelt.

WOLFSFÄHRTEN IN DIE ZUKUNFT:
Auf gute Nachbarschaft. Aber wie?

12

Jetzt haben wir den Wolf. Aber passt das Raubtier noch in unser Land, das so dicht besiedelt ist und so weiträumig versiegelt? Um 1500 lebten neun Millionen Menschen in deutschen Landen, um 1800 waren es rund 22 Millionen. Beide Zahlen beziehen sich auf die Fläche des deutschen Kaiserreichs vor dem Ersten Weltkrieg. Im kleineren Deutschland des Jahres 2015 drängeln sich dann schon 82 Millionen Menschen.

2013 veröffentlicht das Umweltbundesamt Zahlen zur »Bodenversiegelung«: Während 19 Jahren – von 1992 bis 2011 – hat der Landfraß für neue Siedlungen, Gewerbeflächen und Verkehr in Deutschland insgesamt 3.000 km² bis dahin atmende Erdoberfläche mit Gebäuden, Beton und Teer überzogen. Im Durchschnitt waren das jährlich um 158 km² pro Jahr, also jeweils die Fläche eines kleineren Wolfsreviers. Heute spricht das Amt sogar von mehr als der doppelten Fläche jährlich.

Passt der Wolf also hierher, in das Land mit dem engsten Verkehrsnetz Europas, mit intensiver Landwirtschaft auf riesigen Flächen und wenig Rückzug für seltene Tierarten mit gehobenen Ansprüchen? Passt der Wolf in unsere Zeit, in unser Land?

Die Frage hat das Tier beantwortet, indem es von allein zurückgekehrt ist, unterstützt durch internationale Übereinkünfte wie die Berner Konvention von

1979 und die darauf folgende EU-Gesetzgebung, die den Wolf auf der Fläche der Gemeinschaftsstaaten weitgehend schützt. Der Wolf hat selbst entschieden, dass es ihm bei uns ganz gut gefällt. Nun müssen wir – dringend – die Rahmenbedingungen für eine friedliche Koexistenz abklären.

Große Gefahr, das haben wir gelernt, geht vom Wolf nicht aus. Andere lebensgefährliche Risiken sind viel präsenter, und wir kümmern uns trotzdem wenig darum. 3.214 Menschen sind zum Beispiel 2016 bei Verkehrsunfällen auf deutschen Straßen ums Leben gekommen. Oder Hundebisse: In Deutschland starben 2015 fünf Menschen nach Attacken durch Vierbeiner, 2014 waren es vier Fälle, für 2013 nennt das Statistische Bundesamt drei.

Gefährlich sind Wölfe heute also nicht, aber das kann sich ändern. Wenn sie nämlich die menschliche Nähe mit für sie positiven Erlebnissen verbinden, insbesondere mit mühelos erworbener Nahrung. Deshalb ist es auf Dauer für uns alle gefährlich, wenn einzelne Menschen nicht aufhören, sich ständig Wölfen zu nähern, sie vielleicht sogar anfüttern und so dazu bringen, die menschliche Gegenwart als vorteilhaft zu empfinden.

Wenn Wölfe in immer dichter besiedelte Gebiete gelangen, dürfen wir sie sich auf keinen Fall daran gewöhnen lassen, ihr Futter im Müll zu suchen – das zeigen viele Übergriffe aus den USA und Kanada von Camping- und Parkplätzen in Schutzgebieten mit Wolfsbestand. Mit dem Tod des Studenten Kent Carnegie als tödlichem Höhepunkt. Wir müssen den Wölfen also nachhaltig klarmachen, dass es für sie von Vorteil ist, von uns Abstand zu halten, und von Nachteil, diesen Abstand aufzugeben.

In einigermaßen intakten Umgebungen, mit ausreichend Nahrung, werden die Wölfe in der Regel sowieso einen Bogen um uns herum machen. Rund 100 Meter sind die magische Grenze: Wenn sie uns auf diese Entfernung erkannt haben, drehen sie ab. Ein kleiner Prozentsatz der Wölfe aber wird weiterhin die menschliche Nähe suchen. Und das müssen wir ihnen austreiben. Dafür gibt es das Mittel der »Vergrämung«: Benimmt sich der Wolf problematisch, wird er eingefangen und besendert. Wenn er dann wieder Mist baut, wird er bestraft – durch einfaches Verjagen mit Lärm und Gebrüll, wenn es geht, sogar mit Gummigeschossen.

Wenn ein Tier diese Botschaft nicht verstanden hat, wird es im Rahmen einer Ausnahmegenehmigung getötet. Wenn solches Vorgehen reibungslos funktioniert, ist das auch ein klares Signal an die besorgte Bevölkerung: Wir kümmern uns. Leider funktionierte das bisher (in den wenigen Fällen) eher nicht, ohne zu holpern. Denn jedes Mal aufs Neue müssen die Zuständigkeiten geklärt werden: Wer kann und will den Problemwolf verlässlich einfangen? Wer kann und will ihn verlässlich töten, wenn es sein muss?

Um solche Prozesse wirksam ablaufen zu lassen und auch transparent, braucht es geregelte Strukturen, mit fachkundigen Akteuren, die so etwas auch reibungslos durchziehen können. Frank Faß vom Wolf-center Dörverden hat einige sinnvolle Gedanken in einer Art »Wolfs-Zukunfts-Charta« auf seiner Homepage veröffentlicht. Er wünscht sich »eine Wolfsmanagementbehörde auf Bundesebene, die sich der gesamten Konfliktthematik um den Wolf annimmt und durch eine Kommission zusätzlich beratend unterstützt wird«.

Die »Dokumentations- und Beratungsstelle des Bundes zum Thema Wolf« mit Sitz in Görlitz genügt diesem Leistungskatalog noch lange nicht – es ist aus meiner Sicht eher ein loser Verbund von Forschern, die dem Wolf herzlich zugeneigt sind. Zur Vergrämung oder gar »Entnahme« findet sich kein erklärendes Wort auf der Seite der Stelle. Der schwabbelige Name lässt auch ahnen, wie schwer es für den Bund ist, in ein Thema hineinzureden, das eigentlich föderal und deshalb auf Landesebene abgehandelt wird.

Die Weideviehhaltung, insbesondere von Schafen, ist die größte Herausforderung für ein erfolgreiches Wolfsmanagement. Wenn die Schäfer beruhigt werden, ist vermutlich der erste wichtige Schritt für ein friedliches Wolfeinander getan. Deshalb irritiert es mich, dass die zuständigen Ministerien, Behörden und Ämter nicht erkannt haben, dass man dieses Problem zuvörderst und nachhaltig lösen kann: mit Geld. Die »Gesellschaft zum Schutz der Wölfe« hat das vorgemacht, warum steigen nicht Naturschutzverbände wie NABU und WWF mit ein? Warum sollte es nicht einen Bundesfonds dafür geben oder eine Stiftung?

Einen solchen Fonds schlägt im Übrigen auch Frank Faß vor. Geld aus einer Form von Solidarkasse würde denjenigen Leuten auf dem Land, die wirklich Seite an Seite mit den Wölfen leben müssen, deutlich signalisieren: Ihr müsst das nicht allein ausbaden! Wir denken an euch!

Gleichzeitig müsste dort, wohin das Geld fließen soll, auch massiv der Schutzzaunbau vorangetrieben werden, insbesondere bei den Hobby- und Nebenerwerbshaltern. Das Stichwort kennen wir aus Gerhard-Schröder-Zeiten: Fördern und fordern! Wenn Herdenschutz von Anfang an konsequent umgesetzt wird – hier sind die Halter in der Pflicht –, würden Fälle wie jener der Goldenstedter Wölfin äußerst selten werden. Wenn dann einzelne Wolfsindividuen nachgewiesenermaßen korrekte Herdenschutzmaßnahmen überwinden, sollten sie auch umgehend geschossen werden dürfen.

· · · · ·

Die Jagd auf den Wolf, die mit dem Ruf nach »Obergrenzen« ja eingefordert wird, ist ein Kapitel für sich. Die EU-Gesetzgeber haben bereits implizit eine Form von Deckel festgeschrieben: nämlich mit dem »günstigen Erhaltungszustand«. Der ja rein rechnerisch, wie wir im Kapitel 5 gesehen haben, durchaus umstritten ist. Folgen wir der (aus meiner Sicht) wenig stichhaltigen Argumentation der Wolfsforscher und zählen nur die deutschen Wölfe, obwohl die Population ja in Deutschland und Polen lebt, und das zu etwa gleichen

Teilen; zählen wir dann, wie die Forscher es vorschlagen, nur Rudeleltern und Paare ohne Nachwuchs – so sind die 1.000 Tiere für den günstigen Erhaltungszustand noch längst nicht erreicht. Sondern gerade mal etwas mehr als 120 Tiere. In meinen Augen sind das Taschenspielertricks, um sich erst in möglichst weiter Ferne (oder nie) mit einer möglichen Jagd auseinandersetzen. Genau mit dieser Art der Kommunikation schaffen es die Wolfsfreunde, sich Sympathien bei Menschen zu verscherzen, die dem Wolf vielleicht grundsätzlich positiv gegenüber eingestellt sind. Zumindest geht es mir persönlich so. Erst wenn der günstige Erhaltungszustand einmal erreicht sein sollte (wie immer er auch errechnet wird), kann über die regulierte Bejagung nachgedacht werden. Die Jagd ist aber keine unmittelbare Folge der Erreichung dieses Zustands.

Oft wird die sehr limitierte Bejagung des Wolfs als eine mögliche und wirksame Form der Öffentlichkeitsarbeit dargestellt: um nämlich die Akzeptanz für das Tier in der Bevölkerung zu erhöhen. Untersuchungen in den USA haben tatsächlich ergeben, dass bei einer regulierten Jagd auf den Wolf die Akzeptanz der Bevölkerung anstieg: allerdings nur, was die beteiligten Behörden betrifft. Der Wolf selbst konnte seine Beliebtheitswerte durch diese Form der Aufopferung nicht verbessern. Mir gefällt dieser Pakt mit dem Popularitätsteufel ohnehin nicht: Entweder es gibt gute Gründe, Wölfe zu bejagen. Dann tut man es eben. Oder es gibt keine. Und dann lässt man es.

Gute Gründe sind in meinen Augen: wiederholtes Überwinden von Herdenschutzmaßnahmen. Und auch wiederholtes Annähern an Menschen. Frank Faß macht weiterhin den Vorschlag, die Besiedelung mit Wölfen dort von vornherein zu unterbinden, wo viel Vieh auf der Weide steht, aber kaum Wildtiere als Beute zur Verfügung unterwegs sind.

Eine organisierte Jagd auf den Wolf, wie sie durch die deutsche Jägerschaft auf Rehe, Wildschweine und Füchse betrieben wird, kann ich mir für den Wolf in Deutschland nicht vorstellen. Und das aus verschiedenen Gründen. Es fängt schon damit an, dass eine nach meinem Eindruck gar nicht so geringe Zahl von Jägern die Wölfe gar nicht schießen will. Weil sie es nicht angemessen finden. Weil sie Angst vor den Folgen haben, zum Beispiel Bedrohungen von Wolfsfreunden. Und auch, weil man mit einem toten Wolf nicht besonders viel anfangen kann.

Sehr wahrscheinlich müssten alle getöteten Wölfe ohnehin zunächst einmal an eine amtliche Stelle übergeben werden, eventuell auch nach Berlin zur Leichenschau überführt werden. Das ist viel Aufwand für einen Jägersmann. Gleichzeitig ist die Jagd auf den Wolf auch äußerst anspruchsvoll. Sie würde sehr wahrscheinlich aus Tierschutzgründen nur in der »Jugendklasse« erlaubt werden, weil Elterntiere mit Jungen in der Regel geschützt werden. Einen Jungwolf, also einen Jährling, bei der Jagd als solchen zu erkennen – Jäger reden da lustigerweise vom »Ansprechen« –, gilt auch unter Kennern als große Herausforderung. Eine regelrechte

»Wolfskunde« gibt es bei der sehr umfassenden Ausbildung zum Jäger ohnehin noch kaum.

Wer nun – angenommen, die Jagd auf Wölfe sei erlaubt – aus Versehen ein Elterntier schießt, bekommt viel Ärger. Und ist sehr wahrscheinlich seinen Jagdschein los. Ein Grund mehr, die Finger von der Wolfsjagd zu lassen.

Ein Wolfsrevier zieht sich im Übrigen über viele benachbarte Jagdreviere, wir reden von 20 oder mehr. Wie sollen, können sich da die Pächter absprechen? In Schweden gibt es für die Jagd auf Wölfe ausgesprochen komplizierte Choreografien: Gejagt wird gemeinschaftlich, grundsätzlich nur bei Tageslicht, und die Teilnehmer müssen sich in regelmäßigen kurzen Abständen mit einer Jagdzentrale per Funk absprechen.

In Frankreich sind, wie bereits beschrieben, die »Louvetiers« als eine Mischung aus Ranger und »Schädlingsbekämpfer« für die Wölfe zuständig. Eine Lösung in dieser Richtung scheint mir für Deutschland eher sinnvoll: Gut ausgebildete Artenschützer mit Waffe, zum Beispiel abgeschlossene »Berufsjäger«, die auf Regierungsbezirksebene tätig sind, am besten eng verbunden mit Forstbehörden oder den Kreisveterinärämtern. Diese Ideen sind sicher nicht ausgereift, zeigen aber die Bandbreite an Möglichkeiten.

Es wäre bestimmt sinnvoll, wenn sich die zuständigen Behörden früh genug mit derlei Plänen beschäftigen würden. Auch hier wieder, um der Bevölkerung zu zeigen, dass man durchaus mitdenkt »da oben«. Wolfsgegner fordern auch oft, den Wölfen klar umrissene Schutzräume – zum Beispiel Truppenübungsplätze – als »Wolfsinseln« anzubieten. Und jedes Tier, das sie verlässt, zu eliminieren. Diese Idee klingt vielleicht machbar, ist aber völlig unrealistisch, weil Jungwölfe ja auf Wanderschaft gehen. Es müsste also jeder Jungwolf abgeschossen werden, sobald er ein bisschen um die Häuser zieht. Außerdem bestünde bei einem solchen Szenario die Gefahr der grassierenden Inzucht.

Der Idee von den Inseln steht auch das derzeitige von diversen Gesetzen und Schutzbestimmungen getragene Ziel der »vollständigen Sättigung« der Wolfsbestände gegenüber. Wohin der Wolf will, soll er sich ausbreiten können. Die Wolfsforscher gehen davon aus, dass nach der Besetzung aller wirklich geeigneten Lebensräume die »Produktivität« der Wölfe nachlassen wird, weil sie wegen des ihnen innewohnenden Bio-Programms auf dann schrumpfende Wildbestände reagieren und weniger Nachwuchs bekommen werden. Mittel- bis langfristig entstünde so eine Form beweglichen Gleichgewichts.

Wie viele Wölfe es sein werden, wo überall sie sich ausbreiten können – das sollen andere, kundigere Personen prognostizieren. Ich für meinen Teil glaube, dass die Zeiten der hohen Reproduktionsraten schon in wenigen Jahren vorbei sein werden, weil die Wölfe in immer stärker zersiedelte Landschaften vorstoßen werden, wo sie nicht so schnell wie bisher ein ruhiges Plätzchen für den Nachwuchs finden werden. Die Zahlen von Verkehrstoten unter den Wölfen werden dabei noch stark zunehmen, ist zu vermuten. **229**

Wichtig wird sein, dass sich die Wölfe bei der weiteren Ausbreitung an die von uns Menschen vorgegebenen Regeln halten: Pfoten weg vom Vieh, Abstand halten zum Menschen. Wann immer das nicht der Fall sein sollte, müssen verlässlich jene Handlungskaskaden folgen, die ich schon skizziert habe. Sie sind ja bereits in den meisten »Wolfsmanagementplänen« der Länder festgeschrieben, werden aber oft nur mangelhaft umgesetzt. Eine reibungslose Umsetzung solcher Pläne aber ist die Grundvoraussetzung für ein zukünftiges, möglichst friedvolles Mensch-Wolf-Miteinander.

Es klingt ein bisschen absurd: Wenn der Wolf eine lebenswerte Zukunft in deutschen Landen erleben soll, müssen sich zuallererst die Menschen auf eine zivilisierte Form der Auseinandersetzung einigen. Weniger hysterisch müssen die einen sich verhalten. Weniger arrogant die anderen. Toll wäre, einmal einen Schritt zurücktreten und sich fragen: Worum geht es mir hier wirklich? Warum kann ich den Wolf nicht einfach Wolf sein lassen? Wofür steht der Wolf eigentlich? Auch die Fähigkeit zum Perspektivwechsel wünschte man sich von allen Beteiligten, nach dem Motto: *Walk a mile in my shoes!*

Der Wolf ist nur ein Wildtier. Wenn die in Wolfsfan-Kreisen verehrte Elli Radinger vom »Wolf in uns« schreibt, den wir wieder entdecken sollen; wenn Kurt Kotrschal behauptet, der Wolf sei uns näher als der Schimpanse – dann finde ich das manchmal fast genauso unerträglich wie die Hetzkampagnen mancher

Vertreter der Jagdpresse. Ich glaube nicht an LKW-Ladungen von Wölfen, die herangekarrt werden, um später reihenweise Menschen anzufallen. Aber auch nicht, dass ich einen Wolf in mir trage.

Wölfe sind Wölfe sind Wölfe. Keine Erlöser auf vier Pfoten (dann müssten sie nicht durch Mülltonnen schnüffeln). Sie sind aber auch keine skrupellosen Mordmaschinen. Sie sind ganz einfach hoch anpassungsfähige Wildtiere, und auch noch ganz hübsch anzusehen. Sie wären echte Gewinner der Evolution. Wenn es nur den Menschen nicht gäbe.

Jetzt haben wir, Leser und Schreiber, eine ganz schön lange Zeit mit den Wölfen verbracht. Ich weiß nicht, wie es Ihnen geht – bei mir hat die lange Beschäftigung mit dem Tier dazu geführt, dass der Zauber, der es umgibt, zu guten Teilen verflogen ist. Das liegt gar nicht einmal am Wolf selbst. Eher an dem, was die Menschen aus ihm und mit ihm machen.

Der Zauber ist verflogen, und das ist auch gut so. Denn Normalität ist das Beste, was dem Wolf passieren kann. Dass man ihm gegenüber ungefähr so eingestellt wäre wie gegenüber einem Wildschwein: weitgehend neutral. Es lebt im Wald, auch auf dem Feld, so vor sich hin. Hin und wieder rennt es vor ein Auto. Oder wird geschossen und zu Gulasch verarbeitet. Kein Hass, keine Verehrung. Auch Wildschweine können Menschen töten. Und tun das gelegentlich sogar. Trotzdem kommt kein Mensch auf die Idee, eine Krimireihe namens »Wildschweinland« zu drehen. Oder das Buch »Wildschweinfährten« zu schreiben.

Ich wünsche dem Wolf von Herzen solche Normalität.

DANK

Sorry an alle, die ich über Monate und Jahre genervt und zugetextet habe mit »dem Wolf«.

Vielen Dank an Julia Koch vom SPIEGEL für das freundliche Gegenlesen; an Sven Hinrichsen aus Hamburg, der mich bei der Verifikation von vielen Fakten im Buch unterstützt hat.

Meiner Lektorin Christel Gehrmann danke ich für ihre ruhige, unaufgeregte Art; meiner Agentin Barbara Wenner ebenso.

Jeder Punkt auf dieser Karte zeigt einen Ort in Deutschland, an dem im Jahr 2016 und den ersten vier Monaten von 2017 Wölfe sicher bestätigt wurden – durch Fotofallen, anhand von Spuren oder per Genanalyse von Kotproben.

Nicht abgebildet sind Rudel, sesshafte Einzeltiere oder tot aufgefundene Exemplare – sonst wäre die Karte so dicht gesprenkelt, dass man sie vielerorts (besonders in Sachsen und Brandenburg) gar nicht mehr richtig lesen könnte.

LITERATUR

»*Rückkehr der Wölfe: Wie ein Heimkehrer unser Leben verändert*«, von Ekkehard Fuhr (2014), ISBN-10: 357050171X.
ISBN-13: 978-35

»*Wolf – Hund – Mensch: Die Geschichte einer jahrtausendealten Beziehung*«, von Kurt Kotrschal (2014), ISBN-10: 3492304435.
ISBN-13: 978-3492304436

»*Die gemeinsame Geschichte von Wolf und Mensch: Von Wolfsmenschen und Werwölfen*«, von Lutz Anhalt (2013),
ISBN-10: 3840420261.

»*Wölfe: Ein Portrait (Naturkunden)*«, von Petra Ahne (2016),
ISBN-10: 3957573335.

»*Deutschlands wilde Wölfe*«, Axel Gomille (2017),
ISBN-10: 3954161478.

»*Ökologie und Verhalten des Wolfes*«, sehr umfangreiche und informative Broschüre der Landesjägerschaft Niedersachsen, erhältlich unter www.ljn.de/shop/info_broschueren

Websites

www.wolfcenter.de: Die Seite des Wolfcenters in Dörverden bietet neben den Informtionen für Besucher unendlich viel wertvolle Hintergrundinformationen und denkanstoßendes Diskussionsmaterial.

www.woelfeindeutschland.de: Die »Wolfsite« des Försters Ulrich Wotschikowsky. Er handelt kompetent alle wichtigen aktuellen Themen ab. Hart in der Sache, sachlich im Ton.

www.lausitz-wolf.de: Hier findet sich sehr gutes Kartenmaterial zum Wolf in Deutschland, detailliert und informativ.

www.wolfsmonitor.de: Ein Blog zum Thema, stets aktuell, gerne streitbar.

www.gzsdw.de: Die »Gesellschaft zum Schutz der Wölfe« klärt fair und sachlich auf.

www.der-wolf-in-niedersachsen.de: Die Seite des niedersächsischen Wolfsbüros. Leider ist der Chat verschwunden, der Volksnähe zuließ.

www.wolf-sachsen.de: Die Seite des »Kontaktbüro Wölfe in Sachsen« bietet detaillierte FAQs und jede Menge Aufklärungsmaterial zum Wolf nicht nur im Freistaat.

Material

Der »Bericht des Bundesministeriums für Umwelt, Naturschutz, Bau und Reaktorsicherheit zur Lebensweise, zum Status und zum Management des Wolfes (Canis lupus) in Deutschland« fasst die aktuelle Lage aus Sicht der Politik zusammen: www.bundestag.de/blob/393542/5e21bfea995e1f0f0f19271d442f365d/bericht-bmub-data.pdf

Gute Überblicke bieten auch die Statusberichte der »Dokumentations- und Beratungsstelle des Bundes zum Thema Wolf«, unter »Mehr« – »Statusberichte« auf www.dbb-wolf.de

Für alle Lebensliebhaber bietet das Gütersloher Verlagshaus Durchblick, Sinn und Zuversicht. Wir verbinden die Freude am Leben mit der Vision einer neuen Welt.

UNSERE VISION
EINER NEUEN WELT

Die Welt, in der wir leben, verstehen.

Wir sehen Menschlichkeit als Basis des Miteinanders: Mitgefühl, Fürsorge und Beteiligung lassen niemanden verloren gehen. Wir stehen für gelingende Gemeinschaft statt individueller Glücksmaximierung auf Kosten anderer.

....

Wir leben in einer neugierigen Welt: Sie sucht ehrgeizig und mitfühlend Lösungen für die Fragen unseres Lebens und unserer Zukunft. Wir fragen nach neuem Wissen und drücken uns nicht vor unbequemen Wahrheiten – auch wenn sie uns etwas kosten.

....

Wir leben in einer Gesellschaft der offenen Arme: Toleranz und Vielfalt bereichern unser Leben. Wir wissen, wer wir sind und wofür wir stehen. Deshalb haben wir keine Angst vor unterschiedlichen Weltanschauungen.

**Das Warum und Wofür
unseres Lebens finden.**

**Erfahren, was uns im Leben
trägt und erfreut.**

**Wir helfen einander,
uns selber besser zu verstehen:**
Viele Menschen werden sich erst
dann in ihrem Leben zuhause
fühlen, wenn sie den eigenen We-
senskern entdecken – und Sinn in
ihrem Leben finden.
....

**Wir ermutigen Menschen, zu ihrer
Lebensgeschichte zu stehen:**
In den Stürmen des Alltags geben
wir Halt und Orientierung. So
können sich Menschen mit ihren
Grenzen aussöhnen und zuver-
sichtlich ihr Leben gestalten.
....

**Wir haben den Mut, Vertrautes
hinter uns zu lassen:**
Neugierde ist die Triebfeder eines
gelingenden Lebens. Wir wagen
Neues, um reich an Erfahrung zu
werden.

**Wir glauben an die Vision
des Christentums:**
Die Seligpreisungen der Bergpre-
digt lassen uns nach einer neuen
Welt streben, in der Vereinsamte
Zuwendung, Vertriebene Zuflucht,
Trauernde Trost finden – und
Gerechtigkeit, Barmherzigkeit
und Frieden herrschen.
....

**Wir geben Menschen die
Möglichkeit, den Glauben (neu)
zu entdecken:**
Persönliche Spiritualität gibt
Kraft, spendet Trost und fördert
die Achtung vor der Schöpfung
sowie die Freude am Leben.
....

**Wir stehen mit Respekt vor
der Glaubenserfahrung anderer:**
Wissen fördert Dialog und Verständnis, schützt vor Fundamen-
talismus und Hass. Wir wollen
die Schätze anderer Religionen
kennenlernen, verstehen und
respektieren.

GÜTERSDIE
LOHERVISION
VERLAGSEINER
HAUSNEUENWELT

Bibliografische Information der Deutschen Nationalbibliothek

Die Deutsche Nationalbibliothek verzeichnet diese Publikation
in der Deutschen Nationalbibliografie; detaillierte bibliografische
Daten sind im Internet über https://portal.dnb.de abrufbar.

Verlagsgruppe Random House FSC® N001967

1. Auflage
Copyright © 2017 Gütersloher Verlagshaus, Gütersloh,
in der Verlagsgruppe Random House GmbH,
Neumarkter Str. 28, 81673 München

Umschlaggestaltung: Gute Botschafter GmbH, Haltern am See
Umschlagmotiv: © Shutterstock – beerlogoff/andamanec
Karte: © Peter Palm, Berlin
Druck und Bindung: GGP Media GmbH, Pößneck
Printed in Germany
ISBN 978-3-579-08683-5
www.gtvh.de